高等职业教育智能制造领域人才培养系列教材

# 智能制造概论

## 第2版

朱　强　江　荧　吕　洋　编著

机械工业出版社

本书以加强学生职业素养教育、拓宽学生对智能制造相关领域的认知为原则，从制造技术的演进出发，结合近年来智能制造技术的发展，较为全面地阐述了智能制造的理论和实践知识。本书详细介绍了智能制造的基本概念、架构体系、关键技术和典型应用等相关内容，涵盖制造业的历史与现状，智能制造设计、生产、管理、服务等各个环节。本书共分6个模块，包括绪论、智能制造装备技术、智能制造信息技术、智能制造生产管理、智能制造服务和中国智能制造应用案例。

本书可作为高等职业教育本科装备制造大类各专业的基础通识教材，也可作为其他相关专业的师生和工程技术人员及技术培训人员的参考用书。

为方便教学，本书配套PPT课件、电子教案及视频（以二维码形式穿插于书中）资源，选择本书作为授课教材的教师可登录 www.cmpedu.com 注册后免费下载。

**图书在版编目（CIP）数据**

智能制造概论/朱强，江荧，吕洋编著. —2版. —北京：机械工业出版社，2024.4（2026.1重印）
ISBN 978-7-111-75547-0

Ⅰ.①智… Ⅱ.①朱… ②江… ③吕… Ⅲ.①智能制造系统-高等职业教育-教材 Ⅳ.①TH166

中国国家版本馆CIP数据核字（2024）第070220号

机械工业出版社（北京市百万庄大街22号 邮政编码100037）
策划编辑：赵红梅　　　责任编辑：赵红梅　王宗锋
责任校对：曹若菲　丁梦卓　　封面设计：马若濛
责任印制：李　昂
北京联兴盛业印刷股份有限公司印刷
2026年1月第2版第6次印刷
184mm×260mm · 10.5印张 · 251千字
标准书号：ISBN 978-7-111-75547-0
定价：39.80元

电话服务　　　网络服务
客服电话：010-88361066　机　工　官　网：www.cmpbook.com
010-88379833　机　工　官　博：weibo.com/cmp1952
010-68326294　金　书　网：www.golden-book.com
封底无防伪标均为盗版　机工教育服务网：www.cmpedu.com

# 序

职业教育是国民教育体系和人力资源开发的重要组成部分。党中央、国务院高度重视职业教育的改革发展，把职业教育摆在更加突出的位置，优化职业教育类型定位，深入推进育人方式、办学模式、管理体制、保障机制改革，增强职业教育适应性，加快构建现代职业教育体系，培养更多高素质技术技能人才、能工巧匠、大国工匠，为促进经济社会发展和提高国家竞争力提供优质人才和技能支撑。

《国家职业教育改革实施方案》（以下简称“职教20条”）的颁布实施是《中国教育现代化2035》的根本保证，是建设社会主义现代化强国的有力举措。“职教20条”提出了7个方面共20项政策举措，包括完善国家职业教育制度体系、构建职业教育国家标准、促进产教融合校企“双元”育人、建设多元办学格局、完善技术技能人才保障政策、加强职业教育办学质量督导评价、做好改革组织实施工作，被视为“办好新时代职业教育的顶层设计和施工蓝图”。职业教育的重要性也被提高到“没有职业教育现代化就没有教育现代化”的地位。

2022年5月1日《中华人民共和国职业教育法》颁布并实施，再次强调“职业教育是与普通教育具有同等重要地位的教育类型”，是培养多样化人才、传承技术技能、促进就业创业的重要途径。

“职教20条”要求专业目录五年一修订、每年调整一次。因此，教育部在2021年3月17日印发《职业教育专业目录（2021年）》（以下简称《目录》）。《目录》是职业教育的基础性教学指导文件，是职业教育国家教学标准体系和教师、教材、教法改革的龙头，是职业院校专业设置、用人单位选用毕业生的基本依据，也是职业教育支撑服务经济社会发展的重要观测点。

《目录》不仅在强调人才培养定位、强化产业结构升级、突出重点技术领域、兼顾不同发展需求等方面做出了优化和调整，还面向产业发展趋势，充分考虑中高职贯通培养、高职扩招、面向社会承接培训、军民融合发展等需求。为服务国家战略性新兴产业发展，在9大重点领域设置对应的专业，如集成电路技术、生物信息技术、新能源材料应用技术、智能光电制造技术、智能制造装备技术、高速铁路动车组制造与维护、新能源汽车制造与检测、生态保护技术、海洋工程装备技术等专业。

在装备制造大类的64个专业教学标准修（制）订中，涉及高等职业教育本科共15个新设专业，“机械设计制造及自动化”专业课程体系的构建及其配套教学资源的研发是重点之一。该专业整合了机械、电气、软件等智能制造相关专业，是制造业领域急需人才的高端技术专业，是全国机械行业特色专业和教育部、财政部提升产业服务能力重点建设专业。“机械设计制造及自动化”专业课程体系的构建及其配套教学资源的建设由校企合作联合研发，在资源整合的基础上编写了本系列教材。

这套教材按照工作过程系统化的思路进行开发，全面贯彻党的教育方针，落实立德树人根本任务，服务高精尖产业结构，体现了“产教融合、校企合作、工学结合、知行合一”的职教特点。内容编排上利用企业实际案例，夯实理论基础的同时以工作过程为导向，结合形式多样的资源，在为学生提供学习体验的同时，感受企业的真实工作场景；同时，融合了目前行业发展的新趋势以及实际岗位的新技术、新工艺、新流程，并将教育部举办的“全国职业院校技能大赛”以及其他相关技能大赛的内容要求融入教材内容中，以开阔学生视野，做到“岗、课、赛、证”教、学、做一体化。

工作过程系统化课程开发的宗旨是以就业为导向，以职业为载体的人的全面发展，伴随需求侧岗位能力不断发生变化，供给侧教学内容也不断发生变化，工作过程系统化课程开发同样伴随着技术的发展不断变化。工作过程系统化涉及“学习对象—学习内容”结构、“先有知识—先有经验”结构、“学习过程—行动过程”结构之间的关系，旨在回答工作过程系统化的课程“是否满足职业教育与应用型教育的应用性诉求？”“是否能够关注人的发展，具备人本性意蕴？”“是否具备由专家理论到教师实践的可操作性？”等问题。

殷切希望这套教材的出版能够促进高等职业教育本科教学质量的提升，能够成为体现校企合作成果的典范，从而为国家培养更多高水平的智能制造领域的技能型人才做出贡献！

姜大源

# 前言

党的二十大报告指出，建设现代化产业体系，坚持把发展经济的着力点放在实体经济上，推进新型工业化，加快建设制造强国、质量强国、航天强国、交通强国、网络强国、数字中国。装备制造业是实现工业化的基础条件，智能制造已日益成为未来制造业发展的核心内容，是加快发展生产方式转变、促进我国装备制造业向中高端迈进、建设制造强国的重要举措，也是未来打造新的国际竞争优势的必然选择。

为了培养学生对基本理论、基本专业知识的理解及应用，提高学生的创新、创造能力，本书结合近年来全球主要国家智能制造技术的发展，从多视角解读智能制造的本质、内涵和关键技术，书中不仅介绍了智能制造相关的单元技术，且含有离散和流程制造业的诸多案例，内容选材新颖、案例丰富、深入浅出。根据智能制造自身的特点，本书共分 6 个模块，详细介绍了智能制造的基本概念、结构体系和关键技术，内容涵盖智能制造设计、生产、管理、服务等各个相关环节，具体包括绪论、智能制造装备技术、智能制造信息技术、智能制造生产管理、智能制造服务和中国智能制造应用案例。

本书主要特点如下：

1）书中配有延伸阅读材料（二维码链接），以培养学生正确的社会主义核心价值观，激发学生科教兴国的爱国情怀。

2）每个模块配有思考题，以帮助学生巩固所学知识，并强化其专业创新能力的培养。

3）配套立体化教学资源，包括 PPT 课件、电子教案和视频，方便线上线下混合式教与学。

本书是由芜湖职业技术学院与亚龙智能装备集团股份有限公司联合开发的校企合作教材，由多位国家示范性高等职业院校和国家“双高计划”立项建设高校的教授与从事智能制造行业的工程技术人员共同编写而成。

本书由朱强（芜湖职业技术学院）、江荧（芜湖职业技术学院）、吕洋（亚龙智能装备集团股份有限公司）编著，在编著过程中，亚龙智能装备集团股份有限公司付强、潘一雷，芜湖职业技术学院葛阿萍、陈杰、唐蕴慧、朱哲葶，北京发那科机电有限公司夏彪，芜湖奇瑞汽车股份有限公司谭云庆，陕西法士特齿轮有限责任公司赵云飞，西安铂力特增材技术股份有限公司彭皓，海天塑机集团有限公司陈兴提供了大量的资料与支持；亚龙智能装备集团股份有限公司李岩、吴汉锋制作了本书配套视频资源与教学课件；东南大学汤文成教授、武汉船舶职业技术学院周兰、深圳职业技术学院廖强华提出了很多宝贵的修改意见，在此一并表示感谢！

由于编著者对智能制造的理解和认知的局限，书中疏漏之处在所难免，恳请广大读者批评指正。

**编著者**

# 二维码索引

# 目 录

## 02 模块 2 智能制造装备技术



## 03 模块 3 智能制造信息技术

## 04 模块4 智能制造生产管理



## 05 模块5 智能制造服务

## 06 模块6 中国智能制造应用案例



## 参考文献

# 模块1

# 绪　论

## 学习目标

1. 了解制造业的发展历程和全球制造业转型现状。
2. 了解制造业在国民经济中的作用。
3. 掌握智能制造的概念。
4. 了解中国智能制造的发展现状。
5. 掌握新质生产力的概念。

## 重点和难点

1. 全球制造业发展历程。
2. 中国智能制造发展现状。
3. 新质生产力的特点。

## 延伸阅读

中国机床发展简史。

中国机床发展简史

## 单元1　制造业的历史与现状

### 1.1.1　制造业发展历程

#### 一、全球制造业发展历程概述

制造是指把原材料加工成适用的产品制作，或将原材料加工成器物。人类的制造活动可以追溯到远古时期，旧石器时代，人类会使用卵石、兽骨、牛角、象牙等制造生产生活用具。中石器时代，人类可批量生产比较精致的刀、矛、木、骨制工具等，并开始批量生产陶器。新石器时代，人类能够批量制造复合工具，如带柄的镰刀、斧子等，并大批量生产陶器。青铜器和铁器时代出现了手工作坊式的大规模铜器和铁器制造工坊，冶炼并铸造各种农耕器具。

制造业是指机械工业时代将某种资源（物料、能源、设备、工具、资金、技术、信息和人力等）按照市场要求，通过制造过程转化为可供人们使用和利用的大型工具、工业品与生活消费产品的行业。

第一次工业革命前，矿采、冶金和制造技术在欧亚各国已变得相当发达，18世纪中叶，瓦特发明了蒸汽机，标志着第一次工业革命的产生，揭开了近代工业化大生产的序幕。这次工业革命的结果是机械生产代替了手工劳动，经济社会从以农业、手工业为基础转型到了以工业及机械制造带动经济发展的模式，制造企业的雏形产生，企业形成了作坊式的管理模式。

发电机和电动机的发明，标志着电气化时代的到来。19世纪后半叶至20世纪初，以电气化运动为标志的第二次工业革命逐步兴起。电气驱动的制造装备（如金属切削机床）逐步进入并主导制造行业，制造业电气化的时代由此揭开序幕。电力技术的广泛应用，极大地推动了化工、钢铁、内燃机等相关领域科学技术的迅速发展，使汽车、船舶、机车、石油等一系列新型制造行业迅速兴起。制造业进入以汽车制造为代表的大批量生产时代，流水生产线开始在工厂出现，劳动分工日趋明确，工厂管理从以经验为主转向以科学管理为核心，推行标准化、流程化管理模式，使得企业的人与“工作”得以匹配。

第二次世界大战后，微电子技术、计算机技术、自动化技术得到迅速发展，推动了制造技术向高质量和柔性生产的方向发展。20世纪中叶，广泛应用的电子与信息技术标志着第三次工业革命的到来，电子计算机与信息技术的广泛应用使得制造过程自动化控制程度大幅提升，机器逐渐代替人类作业，生产率、良品率、分工合作、机械设备寿命都得到了前所未有的提高。在此阶段，工厂大量采用由PC、PLC、单片机等电子信息技术自动化控制的机械设备进行生产。生产组织形式也从工场化转变为现代大工厂，人类进入了产能过剩时代。

电子信息时代，企业在深化标准化管理的基础上推行精益管理，使得岗位得以标准化细分。从20世纪70年代开始，受市场多样化、个性化的牵引及商业竞争加剧的影响，制造技术步入面向市场、柔性生产的新阶段，引发了生产模式和管理技术的革命，出现计算机集成制造、丰田生产模式（精益生产）等。

进入21世纪，第四次工业革命将步入“分散化”生产的新时代。将互联网、大数据、云计算、物联网等新技术与工业生产相结合，最终实现工厂智能化生产，让工厂直接与消费需求对接。企业的生产组织形式从现代大工厂转变为虚实融合的工厂，建立柔性生产系统，提供个性化生产。管理的特点从大生产变成个性化产品的生产组织，更加柔性化、智能化。制造业工业革命发展历程如图1-1所示。

制造业直接体现了一个国家的生产力水平，是区别发展中国家和发达国家的重要因素，制造业在发达国家的国民经济中占有重要份额。根据在生产中使用的物质形态，制造业可划分为离散制造业和流程制造业。制造业流程包括产品制造、设计、原料采购、设备组装、仓储运输、订单处理、批发经营、零售等环节。

### 二、中国制造业发展历程概述

中华人民共和国成立之初，我国是一个典型的农业大国，工业基础非常薄弱，产业体系很不完善，工业化水平很低。数据显示，以净产值衡量，当时工农业结构中农业比重高达84.5%，工业占15.5%，其中重工业只占4.5%。中华人民共和国成立后，国家集中力量进

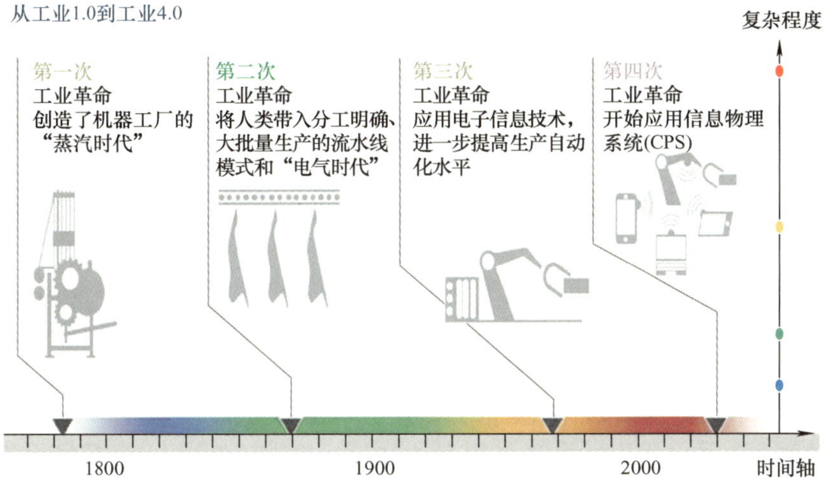


图 1-1 制造业工业革命发展历程

行重工业和国防工业建设，特别是重点发展电子与核工业，取得了巨大成就，中国成为世界上少数几个拥有核技术与卫星的国家，不但提高了国际地位，而且增强了国防安全保障能力，为我国后续发展营造了稳定的国际环境，也为制造业的发展奠定了必要的基础。

经过 70 多年的建设和发展，我国制造业取得了巨大的历史性成就。根据联合国工业发展组织 2019 年的数据，中国 22 个制造业大类行业的增加值均居世界前列，纺织、服装、皮革、基本金属等产业增加值占世界的比重超过 30%，其中钢铁、铜、水泥、化肥、化纤、发电量、造船、汽车、计算机、笔记本计算机、打印机、电视机、空调器、洗衣机等数百种主要制造业产品的产量居世界第一位，高速铁路机车及系统成为“中国制造”的靓丽名片，在一系列尖端领域都迈进了世界“第一梯队”。我国已经从积贫积弱的农业国转变成一个拥有世界上最完整产业体系、最完善产业配套的制造业大国和世界最主要的加工制造业基地。

我国制造业发展历程可分为三个阶段。

第一阶段：20 世纪 80 年代，中国制造业复苏。

中华人民共和国成立之后到改革开放前，中国建立了较为完整的制造业体系，能够制造各类工业和消费产品。但是，当时更多的是制造工业产品，在消费品制造方面，只能提供基本的生活保障，消费品种类非常匮乏。

改革开放以后，中国的制造业开始快速崛起，多种电子产品和轻工产品被大量生产，也开始有了各类产品的广告，市场开始出现供不应求的局面。国有企业是中国制造业的主流生产企业。20 世纪 80 年代后期，中国各地开始兴建各类工业园区，充足的劳动力、较低的土地和原材料成本，以及巨大的中国市场吸引了大批国外制造企业进入，中国开始有了外资、合资和合作企业。

第二阶段：20 世纪 90 年代，装备现代化。

改革开放的第二个十年，随着国家政策的不断调整，以及发达国家为降低制造成本纷纷开展“去工业化”和产业转移，大量外资涌入中国，成立了数量庞大的外资与合资制造企业。20 世纪 90 年代，伴随着民营经济的崛起和外资制造业的进入，“苏南模式”和“温州模式”成为两种典型的发展模式，沿海地区的制造业得到了迅速发展，“Made in China（中国制造）”闻名全球。这些制造企业充分发挥低成本优势，逐渐形成了国际竞争力，赢得了大量的OEM（代工）订单，中国逐渐成为国际制造业的生产外包基地。而支撑低成本优势的是制造业装备的现代化，生产率由此大幅提升，规模化经济开始逐步形成。

第三阶段：2000年至今，产品创新与信息化。

2000年以来，中国制造业进入新一轮迅速发展期，船舶、机床、汽车、工程机械、电子与通信等产业的产品创新尤为迅速，进而又拉动了对重型机械、模具及钢铁等原材料需求的大幅增长，从而带动了整个制造业产业链的发展。大型国有企业的效益显著提升，烟草、钢铁等行业开始进行迅速整合，资本市场为中国大中型制造企业的发展提供了充足的资金，ERP（企业资源管理系统）、PLM（产品生命周期管理系统）、CRM（客户关系管理系统）等制造业信息化技术的应用，也开始成为促进产业发展的重要手段。

2010年以后，中国已成为世界第一制造业大国。在联合国工业大类目录中，中国是唯一具有所有工业门类制造能力的国家。工业和信息化部数据显示，到2021年，中国制造业增加值占GDP比重达到了27.4%，总增量达到了31.4万亿元，连续12年居世界首位。中国是全球制成品出口第一大国，是全球重要的制造业基地。改革开放初期，中国商品出口以农产品和矿产品等初级产品为主。1980年，中国制成品出口额仅为87亿美元，占全球制成品出口额的0.8%，是当时排名第一的德国制成品出口额的5.38%。随着中国制造业生产体系的不断完善，制成品不仅满足了本国日益增长的需求，而且使得各类制成品逐步出口到国际市场。

从世界范围看，经济全球化成为世界发展的大趋势，人员、商品和资本的自由流动水平不断提高。特别是在信息技术、航运技术的推动下，产品的模块化程度不断提升，使生产的可分解性提高，通信技术的发展大幅降低了国际经贸往来的交易费用，集装箱、航空等技术的发展使运输成本显著下降，国际分工由发达国家出口制成品进口原材料、发展中国家出口原材料进口制成品的水平产业间分工，向全球价值链环节分工（即产业内和产品内垂直分工）转变。我国正是抓住了发达国家离岸外包和全球垂直分工的趋势，充分发挥了劳动力丰富、成本低的优势，快速融入全球分工格局，承载了发达国家跨国公司全球价值链劳动密集型环节的转移，迅速发展成为世界主要的加工制造基地。

多年的制造业发展已让大家充分认识到其在国民经济中的重要作用。

第一，制造业是高新技术产业化的载体和动力。高新技术是在制造业技术高度发达和成熟的基础上发展起来的，如集成电路、计算机、手机、网络设备、智能机器人、精密仪器、高端医疗设备、核电站、飞机、人造卫星等产品的相继问世，并由此形成了制造业中的高新技术产业。20世纪兴起的核技术、空间技术、信息技术、生物医学技术等高新技术无一不是借由制造业发展而产生并转化为规模生产力的。

第二，制造业是创造劳动就业的重要空间。制造业创造了巨大的就业空间，能够接纳不同层次的从业人员，是解决劳动就业和提高职业技术水平的重要途径。

第三，制造业是扩大出口的关键产业。多年来，制造业始终是我国出口创汇的主力军，工业制成品出口额一度占据了全国外贸出口总额的90%左右。

第四，制造业是国家安全的重要保障。没有强大的装备制造业，就没有军事和政治上的安全，经济和文化上的安全也将遭受巨大威胁。高端制造技术与制造业永远是一个国家的支柱技术和支柱产业。

### 1.1.2 全球制造业转型现状

自 19 世纪末期工业革命至今，工业技术发展速度逐渐加快，制造业产出不断增加，所需人力物力规模逐渐增大，由于各国资源禀赋不同，全球制造业发展逐渐开始联通，制造业逐渐形成产业链分工不同的全球化模式。成本因素是制造业迁移的主要因素，全球制造业共经历了五次迁移，制造业中心由英国转移至美国、日本、“亚洲四小龙”（韩国、中国台湾、中国香港、新加坡）、中国大陆、东南亚国家，随着工业的不断发展和社会分工的不断深入，产业迁移的形式也在发生变化。全球制造业的迁移已经逐渐演变成劳动密集型产业的转移，在技术密集型的高附加值制造业领域，原全球制造业中心仍然保持着一定的领先优势，在制造业逐渐迁出后，产业政策开始向第三产业转移，服务业占 GDP 的比重逐渐增加，制造业的占比逐渐减少。

改革开放以来，中国制造业加强了研发投入的强度，产业技术水平得到了极大的改善。为了获得制造业发展中的“成本优势”和“规模优势”，中国制造业借鉴和吸收了引进的国际先进技术。随着制造业产业体系向中高端攀升，制造业重点领域的自主创新能力有所突破。中国制造业的发展从追求规模转向追求效率，强化数据、信息、知识等新要素的支撑作用，培育和发展智能制造、绿色制造、服务型制造等新型制造模式，民营经济和国有经济具有公平竞争的同等地位。在国际市场上，中国制造业获得了大量先进的技术、管理经验以及稀缺资源，为中国制造业高速增长提供了强大的内在原动力。

在全球制造业迁移中，中国制造业发展速度不断加快，新产品、新技术层出不穷，在汽车、电子零部件、工程机械领域均位居世界前列。借鉴一些发达国家制造业的发展经验，中国成为世界制造业的中心，凭借中国制造成为当今全球第二大经济体，制造业贡献率超过 30%。目前中国制造业劳动力人均成本逐年增长，制造业发展也面临进一步转型升级，其主要内容包括制造业技术水平整体提升，中高端制造业的比重不断提高，高加工度、高智能化、高附加值制造业成为经济增长的主导产业。

在欧洲，德国政府认为，当今世界正处于“信息网络世界与物理世界的结合”时期，应重点围绕“智慧工厂”和“智能生产”两大方向。为此，2013 年 4 月，德国政府推出“工业 4.0（Industry 4.0）”国家级战略规划，意在新一轮工业革命中抢占先机，奠定德国工业在国际上的领先地位，工业 4.0 核心前沿技术如图 1-2 所示。德国电子电气行业协会预测，工业 4.0 将使现有工业生产率提高 30%。

在北美洲，经历了次贷危机的美国也在通过各种措施推动先进制造业发展。2009 年年初，美国开始调整经济发展战略，并于同年 12 月公布了《重振美国制造业框架》，后又相继启动了《先进制造业伙伴计划》《先进制造业国家战略计划》，推行“再工业化”和“制造业回归”。

在亚洲，日本也十分重视高端制造业的发展，2014 年，日本发布《制造业白皮书》，提出重点发展机器人、下一代清洁能源汽车、再生医疗及 3D 打印技术。

2015 年 5 月，国务院印发《中国制造 2025》，是中国实施制造强国战略第一个十年的行

图 1-2 工业 4.0 核心前沿技术

动纲领。提出要以智能制造作为主攻方向，强化工业基础能力，提高综合集成水平，促进产业转型升级。

全球主要经济体相继出台制造业战略规划，抢占未来制造业的全球市场份额。中国制造 2025 将不断提升中国制造业竞争力，使中国由“制造大国”不断向“制造强国”转变。通过机器代替人工、利用人工智能技术进行产品检测等智能化改造，在提高生产率、保持“中国制造”物美价廉优势的同时，进一步提高中国产品的性能和质量，推动实现从“中国制造”向“中国智造”、“中国产品”向“中国品牌”的转变。

新一轮科技革命和产业变革方兴未艾，云计算、大数据、物联网、人工智能等新一代信息技术正推动制造业进入智能化时代，个性化定制模式已经出现。随着人工智能技术从实验室走向产业化，无论是国家还是企业，都在积极推动制造业的智能化转型，制造企业在不断利用信息化技术优化生产线、改进产品架构，从而提高生产率、产品质量，并能更快速地对国际市场变化做出响应。

## 单元 2 智能制造概念

智能制造技术

### 1.2.1 智能制造的定义

智能制造是将物联网、大数据、云计算等新一代信息技术与设计、生产、管理、服务等制造活动的各个环节融合，具有信息深度自感知、智慧优化自决策、精准控制自执行等功能的先进制造过程、系统与模式的总称。它具备以智能工厂为载体，以关键制造环节智能化为核心，以端到端数据流为基础，以网通互联为支撑的四大特征，可有效缩短产品研制周期、提高生产率、提升产品质量、降低资源消耗，对推动制造业转型升级具有重要意义。

智能制造与传统制造在各个环节的特点及智能制造的影响见表 1-1。

表 1-1 智能制造与传统制造在各个环节的特点及智能制造的影响

| 分类 | 传统制造 | 智能制造 | 智能制造的影响 |
| --- | --- | --- | --- |
| 设计 | 常规产品<br>面向功能需求设计<br>新产品周期长 | 虚实结合的个性化设计、个性化产品<br>面向客户需求设计<br>数值化设计、周期短、可实时动态改变 | 设计理念与使用价值观变化<br>设计方式变化<br>设计手段变化<br>产品功能变化 |
| 生产 | 加工过程按计划进行<br>半智能化加工与人工检测<br>生产高度集中组织<br>人机分离<br>减材加工成型方式 | 加工过程柔性化、可实时调整<br>全过程智能化加工与在线实时监测<br>生产组织方式个性化<br>网络化人机交互智能控制<br>减材、增材多种加工成型方式 | 劳动对象变化<br>生产方式变化<br>生产组织方式变化<br>加工方法多样化<br>新材料、新工艺不断出现 |
| 管理 | 人工管理为主<br>企业内管理 | 计算机信息管理技术<br>机器与人交互指令管理<br>延伸到上下游企业 | 管理对象变化<br>管理方式变化<br>管理手段变化<br>管理范围扩大 |
| 服务 | 产品本身 | 产品生命周期 | 服务对象范围扩大<br>服务方式变化<br>服务责任增加 |

通过表 1-1 可以看出，智能制造与传统制造具有明显区别。这些区别主要体现在四个方面：一是制造设计更突出客户需求导向，在技术手段上可以做到虚拟与现实相结合，可实现需求与设计的实时动态交互，设计周期更短；二是生产过程柔性化、智能化，生产组织方式更加个性化，检测过程在线化、实时化，人机交互网络化，加工成型方式多样化；三是制造管理更加依赖信息系统，例如，更多地借助计算机信息管理技术，更多人机交互的指令管理模式，涵盖上下游企业甚至整个产业链的数据交互和管理沟通等；四是智能制造的产品服务可以做到涵盖整个产品生产周期，真正实现产品从制造到终结的全闭环管理，能够极大地提高产品适应市场的能力，更充分满足客户的个性化需求。

### 1.2.2 智能制造标准化参考模型

智能制造的本质是实现贯穿企业设备层、控制层、管理层等不同层面的纵向集成，跨企业价值网络的横向集成，以及从产品全生命周期的端到端集成，标准化是确保实现全方位集成的关键途径。结合智能制造技术架构和产业结构，从系统架构、价值链和产品生命周期等三个维度构建了智能制造标准化参考模型，有助于认识和理解智能制造标准的对象、边界、各部分的层级关系和内在联系。智能制造标准化参考模型如图 1-3 所示。

#### 1. 系统架构

系统架构自下向上分为五层。

1）设备层（现场层）：包括传感器、仪器仪表、条码、射频识别、数控机床、机器人等感知和执行单元。

2）控制层：包括可编程逻辑控制器（PLC）、数据采集与监视控制（SCADA）系统、分布式控制系统（DCS）、现场总线控制系统（FCS）、工业无线（WIA）控制系统等。

3）管理层（操作层）：由控制车间/工厂进行生产的系统所构成，主要包括产品数据管理（PDM）系统、制造执行系统（MES）、产品生命周期管理（PLM）软件等。

4）企业层：由企业的生产计划、采购管理、销售管理、人员管理、财务管理等信息化系统所构成，实现企业生产的整体管控，主要包括企业资源计划（ERP）系统、供应链管理（SCM）系统和客户关系管理（CRM）系统等。

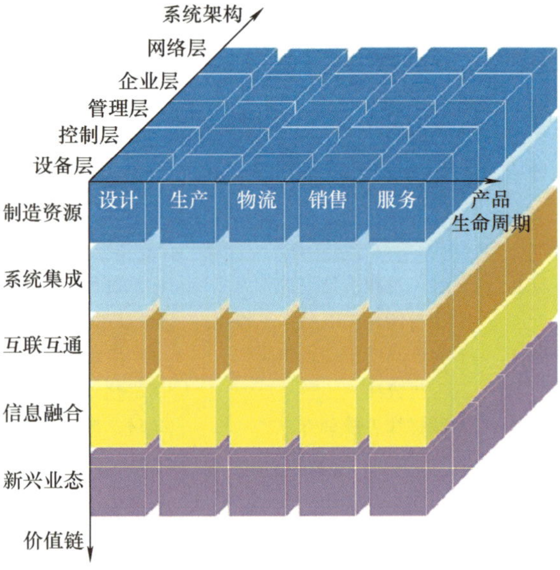


图 1-3　智能制造标准化参考模型

5）网络层（数据库）：由产业链上不同企业通过互联网共享信息实现协同研发、配套生产、物流配送、制造服务等。

典型智能制造系统架构如图 1-4 所示，其中顶端数据库是各层级共享资源。

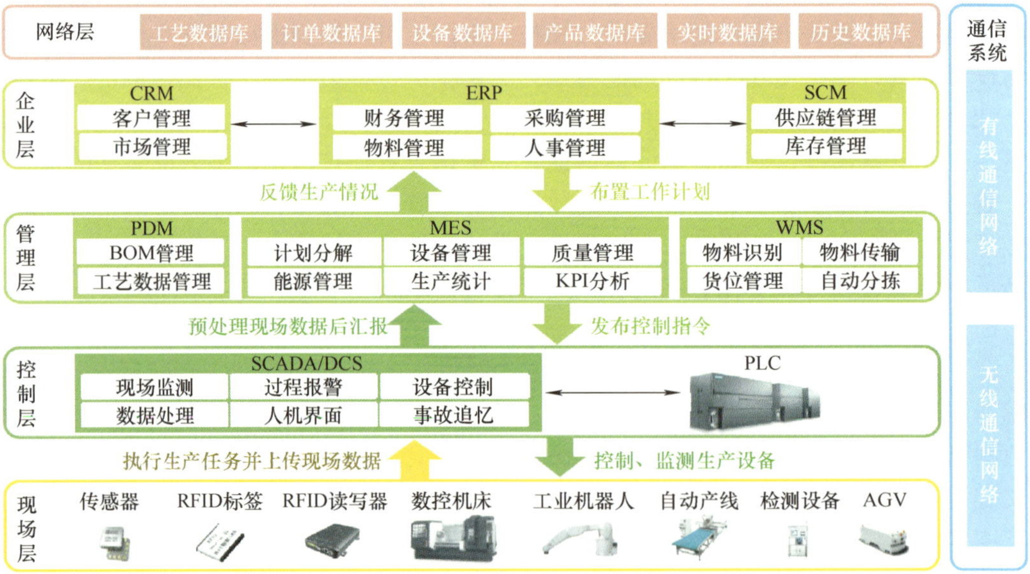


图 1-4　典型智能制造系统架构

### 2. 价值链

价值链包括五层。

1）制造资源代表现实世界的物理实体，如文件、图样、设备、车间、工厂等，人员也可视为制造资源的一个组成部分。

2）系统集成代表通过二维码、射频识别、软件、网络等信息技术集成原材料、零部件、能源、设备等各种制造资源。由小到大实现从智能装备/产品到智能生产单元、智能生产线、数字化车间、智能工厂，乃至智能制造系统的集成。

3）互联互通是指采用局域网、互联网、移动网、专线等通信技术，实现制造资源间的连接及制造资源与企业管理系统间的连接。

4）信息融合是指在系统集成和互联互通的基础上，利用云计算、大数据等新一代信息技术，在保障信息安全的前提下，实现企业内部、企业间乃至更大范围的信息协同共享。

5）新兴业态包括个性化定制、网络协同开发、工业云服务、电子商务等服务型制造模式。

**3. 产品生命周期**

产品生命周期包括设计、生产、物流、销售和服务五个环节，是一系列相互联系的价值创造活动组成的链式集合。产品生命周期中各项活动相互关联、相互影响。不同行业的产品生命周期构成不尽相同。在智能制造的大趋势下，企业从主要提供产品向提供产品和服务转变，使价值链得以延伸。

智能制造标准化参考模型是一个通用模型，适用于智能制造全价值链所有合作伙伴公司的产品和服务，它为智能制造相关技术系统构建、开发、集成和运行提供一个框架。通过建立智能制造参考模型，可以将现有标准（如工业通信、工程、建模、功能安全、信息安全、可靠性、设备集成、数字工厂等）和拟制定的新标准（如语义化描述和数据字典、互联互通、系统能效、大数据、工业互联网等）一起纳入一个新的全球制造参考体系。

### 1.2.3 智能制造标准体系框架

智能制造标准体系框架由智能制造标准体系结构向下映射而成，是形成智能制造标准体系的基本组成单元。智能制造标准体系框架包括“A 基础共性”“B 关键技术”“C 行业应用”三个部分，如图 1-5 所示。

1）A 基础共性：包括基础、安全、管理、检测评价和可靠性五大类，位于智能制造标准体系结构图的最底层，其研制的基础共性标准支撑着标准体系结构图上层虚线框内 B 关键技术标准和 C 行业应用标准。

2）B 关键技术：包括智能装备、智能工厂、智能服务、工业软件和大数据及工业互联网五部分。BA 智能装备标准位于智能制造标准体系结构图的 B 关键技术标准的最底层，与智能制造实际生产联系最为紧密；在 BA 智能装备标准之上是 BB 智能工厂标准，是对智能制造装备、软件、数据的综合集成，该标准领域在智能制造标准体系结构图中起着承上启下的作用；BC 智能服务标准位于 B 关键技术标准的顶层，涉及对智能制造新模式和新业态的标准研究；BD 工业软件和大数据标准与 BE 工业互联网标准分别位于智能制造标准体系结构图的 B 关键技术标准的左侧和右侧，贯穿 B 关键技术标准的其他三个领域（BA、BB、BC），连通物理世界和信息世界，推动生产型制造向服务型制造转型。

3）C 行业应用：重点行业标准位于智能制造标准体系结构图的最顶层，面向行业具体需求，对 A 基础共性标准和 B 关键技术标准进行细化和落地，指导各行业推进智能制造。

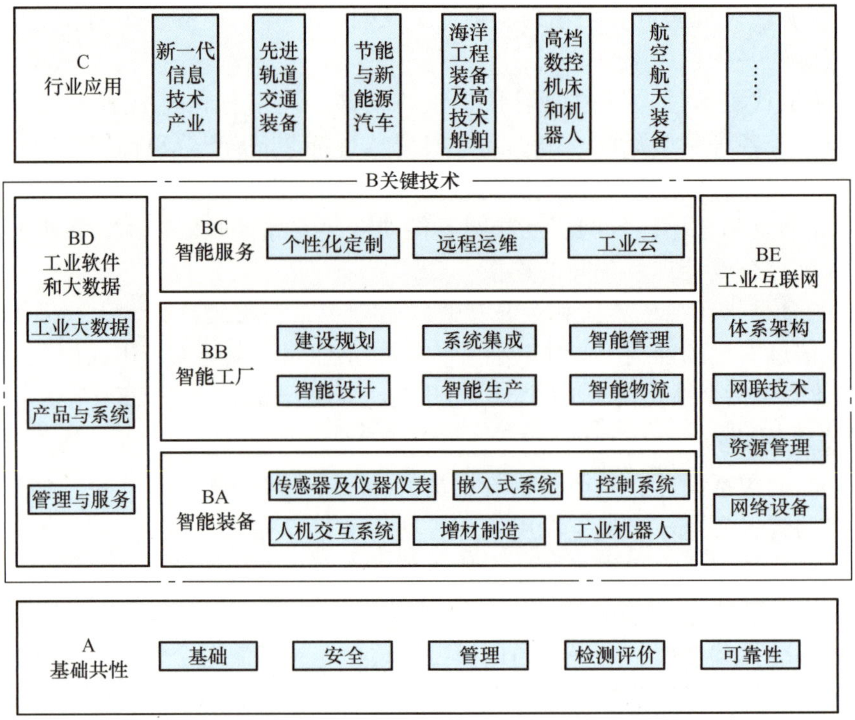


图 1-5　智能制造标准体系框架

# 单元 3　智能制造发展现状

## 1.3.1　中国智能制造背景及驱动因素

近年来，中国的经济发展已由高速增长转入高质量发展阶段。尽管制造业增加值在全国GDP总量中的比重呈下滑趋势，但以制造业为代表的实体经济才是中国经济高质量发展的核心支撑力量。目前，我国仍处于“工业2.0”（电气化）的后期阶段，面临质量基础相对薄弱、产业结构不够合理、资源利用效率偏低、行业信息化水平不高、劳动力成本较高等问题。工业信息化还有待进一步普及，工业智能化处于尝试、示范阶段，制造的自动化和信息化正在逐步布局。中国制造业亟待升级至智能制造阶段。智能制造在中国形成强劲的发展势头，其背后有三个重要的驱动因素。

### 1. 第一个驱动因素

我国经济发展正处在新旧动能转换的关键时期，不仅经济增长率已经从改革开放之初（1979年）—2012年（33年）的平均9.9%，下降到2013—2017年的平均6.7%，2018年更是下降到了6.6%。同时，支撑经济增长的生产要素条件也发生了重要的变化，比如，劳动力人口总量从2012年开始出现持续下降，人口老龄化、用工成本增高导致劳动力优势减弱。2017年，中国城镇单位就业人员平均工资达到7.43万元/年，分别是泰国和越南的2.14和3.51倍。2010—2022年全国城镇单位就业人员平均工资如图1-6所示。

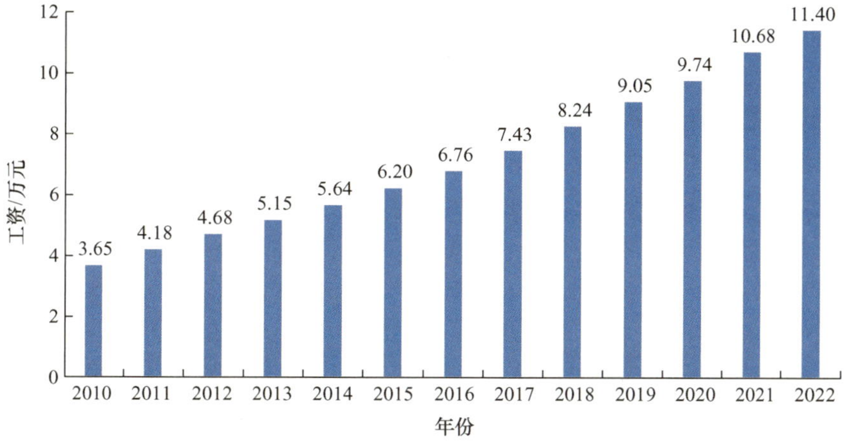


图 1-6　2010—2022 年全国城镇单位就业人员平均工资

中国劳动力成本优势逐渐丧失，全球制造中心逐渐向东南亚等劳动成本低的国家转移，中国工业企业面临着越来越高的人工成本压力。

由于人口老龄化加快，劳动力供给不断减少，2013—2021 年中国劳动人口比重从 73.9% 下降至 70.1%。同时，工业机器人成本回收期在不断下降，如图 1-7 所示，与人力成本上升趋势形成了剪刀差，在人力成本上升与设备价格上升的确定性趋势下，未来工业机器人成本回收期有望进一步缩短，机器替换人工的经济型临界点将至。

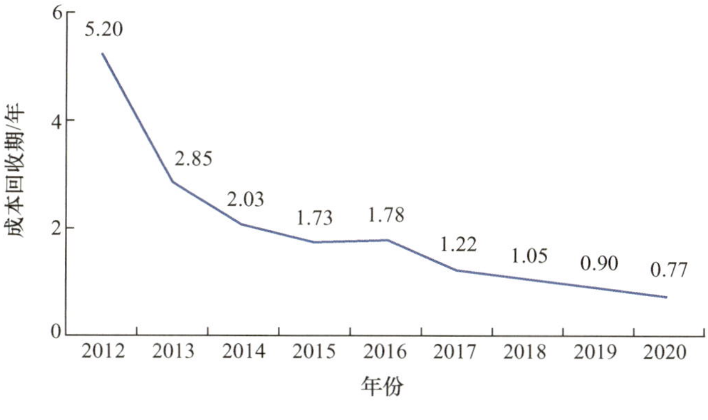


图 1-7　2012—2020 年工业机器人成本回收期测算

新的经济增长必须依靠劳动者素质的提高，以及科技进步和全要素生产力的提高。所以经济增长进入高质量增长阶段的要求为我国智能制造的发展提供了一个重要的动力。

**2. 第二个驱动因素**

中国的数字经济发展已经进入了一个赶超争先的阶段。改革开放以来，中国的数字经济发展实际上经历了三个阶段。第一阶段是受外部刺激的启动阶段，主要受来自发达国家的第三次信息技术革命浪潮的冲击，学习、借鉴他国发展经验来发展自己的新兴技术产业，全面与国际互联网对接，采取政府先行带动整个信息化的策略。第二阶段是国内信息技术产业核心技术的发展，开始形成真正属于自己的信息技术战略，这个阶段是一个内部动力生成的阶段。目前已经进入了第三阶段，就是赶超争先的阶段，即数字经济不仅要变大变强，而且要依靠先进技术更高质量地发展。从这个角度来说，在国际上争先发展的态势促使我国在战略上加快新一代人工智能与实体经济融合，推动智能制造的发展。目前智能制造在我国政策推动、财政支持、市场需求多重因素的助力下正加快落地，智能制造标准体系初步构建，逐渐形成了“地区、行业、企业协同推进，系统集成商、装备制造商、研究机构、用户联合实施”的良好氛围。特别是在中央财政资金和地方财政资金对智能制造专项支持下，将加快智能制造关键技术装备的集成应用，系统化推进智能制造的发展。

3. 第三个驱动因素

技术背景是全网时代的到来。社会已经进入一个人、机、物全面互联，在全球广域范围内互联、互通、互操作的全网时代。信息化是鲜明的全网时代特征，新一代网络信息技术不断创新突破，数字化、网络化、智能化深入发展，信息革命正从技术产业革命向经济社会变革加速演进，世界经济数字化转型成为大势所趋，为智能制造带来重大的机遇。新一代的人工智能在全网的条件下出现和发展，实现人、机、物之间即时交互，依靠这些技术人类终将实现真正意义上的智能制造。

### 1.3.2 全球智能制造发展现状

智能制造产业链涵盖智能装备（机器人、数控机床及其他自动化装备）、工业互联网（机器视觉、传感器、RFID、工业以太网）、工业软件（ERP/MES/DCS 等）、3D 打印以及将上述环节有机结合的自动化系统集成及生产线集成等。

从全球范围看，除了美国、德国和日本走在全球智能制造的前端，其他国家也在积极布局智能制造发展。例如，欧盟各成员国将发展先进制造业作为重要的战略，在 2010 年制定了第七框架计划（FP7）的制造云项目，并在 2014 年实施欧盟“2020 地平线”计划，将智能型先进制造系统作为创新研发的优先项目。2013 年，英国政府提出《英国工业 2050 战略》，该计划是定位于2050 年英国制造业发展的一项长期战略研究，通过分析制造业面临的问题和挑战，提出英国制造业发展与复苏的政策。随着国际分工体系的变化，韩国制造业面临着竞争力下滑的挑战，迫切需要新的发展战略。2014 年 6 月，韩国政府正式推出《制造业创新 3.0 战略》，为韩国制造业的转型升级提供了明确的方向。

《全球智能制造发展指数报告（2017）》评价结果显示，美国、日本和德国名列第一梯队，是智能制造发展的“引领型”国家；英国、韩国、中国、瑞士、瑞典、法国、芬兰、加拿大和以色列名列第二梯队，是智能制造发展的“先进型”国家。目前全球智能制造发展梯队相对固定，形成了智能制造“引领型”与“先进型”国家稳定发展，“潜力型”与“基础型”国家努力追赶的局面。根据《全球智能制造发展指数报告》，全球排名前十国家中，欧美国家占据 7 个席位，亚洲国家占据 3 个席位。从发展格局来看，欧美传统制造业强国拥有较多技术与经验积累，转型升级难度较小，具备较强竞争实力；基于世界工厂时代的积累，亚洲等新兴经济体在智能制造方面也呈现出较大竞争优势。当前，中国等发展中国家制造业转型升级与发达国家的“重振制造业”政策形成共振，使得全球智能制造格局处于快速发展的动态平衡中。同时，“大物移云”（即大数据、物联网、移动互联网、云计算）

等新一代信息技术为智能制造快速发展与突破提供了必要条件。不同国家智能制造发展特点比较见表 1-2。

表 1-2 不同国家智能制造发展特点比较

| 项目 | 德国 | 美国 | 日本 | 中国 |
|---|---|---|---|---|
| | 工业 4.0 | 工业物联网联盟 | 工业价值链联盟 | 中国制造 |
| 技术特点 | FA/IT 提供者 | IT 服务平台提供者 | 制造商和智能制造单元 | 两化深度融合 |
| 竞争优势 | 面向未来制造的长远标准 | 大数据人工智能 | 制造业从今天到明天的高效迁移 | 产业专型升级 |
| 模式创新 | 规模定制化 | 工业物联网商业创新 | 开放与闭环相结合的策略 | 互联网 + |
| 价值创造 | 工厂创造价值 | 数据创造价值 | 人的知识创造价值 | 从成本、速度转向创新、质量创造价值 |

### 1.3.3 《中国制造 2025》

#### 1. 《中国制造 2025》概述

中国改革开放之际，正逢全球产业结构调整重大战略机遇，使中国经济规模和综合实力大幅增长，装备制造业技术水平和生产能力大幅提升。2010 年，中国已经成为世界制造业大国。然而，在快速增长的同时，中国制造业在发展质量、创新能力、品牌价值上仍有较大差距，核心技术受制于人，是中国制造业大而不强的症结所在，是未来中国制造业高质量发展亟须突破的瓶颈。当前，新一代信息技术、材料技术、能源技术正在带动群体性技术突破，中国智能制造发展面临难得的历史机遇。为此，中国政府做出增强自主创新能力、建设创新型国家的战略决策，全力推进自主创新。提出坚持把创新摆在制造业发展全局的核心位置，完善有利于创新的制度环境，推动跨领域、跨行业协同创新，突破一批重点领域关键共性技术，促进制造业数字化、网络化、智能化，走创新驱动的发展道路。中国以智能制造为制造业发展的主攻方向，推动互联网、大数据、人工智能和制造业深度融合，促进中国制造业向高端先进方向快速发展。

2015 年 5 月，国务院发布《中国制造 2025》，是中国实施制造强国战略的第一个十年行动纲领。这一规划由工业和信息化部牵头，会同国家发改委、科技部、财政部、质检总局、工程院等 20 多个部门编制而成，前期组织了 50 多名院士、100 多位专家历时一年半时间进行战略研究。其创新之处在于通篇贯穿了应对新一轮科技革命和产业变革的内容，重点实施了制造业创新能力建设、智能制造、工业强基、绿色发展、高端装备创新五大工程，其战略建设框架如图 1-8 所示。

《中国制造 2025》明确提出把智能制造作为两化（信息化和工业化）深度融合的主攻方向，以促进制造业创新发展为主题，以提质增效为中心，以加快新一代信息技术与制造业深度融合为主线，以推进智能制造为主攻方向，以满足经济社会发展和国防建设对重大技术装备的需求为目标，强化工业基础能力，提高综合集成水平，完善多层次、多类型人才培养体系，促进产业转型升级，培育有中国特色的制造文化，实现制造业由大变强的历史跨越。

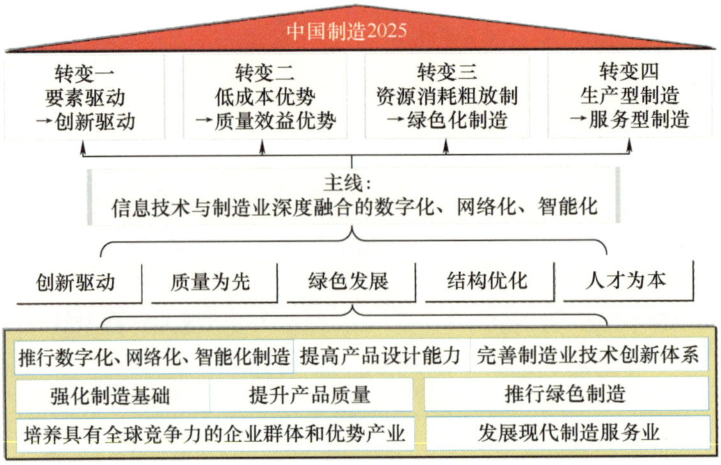


图 1-8　《中国制造 2025》战略建设框架

当前，全球制造业分为三个方阵，第一方阵是美国，第二方阵是德国和日本，中国、韩国、英国和法国等其他国家属于第三方阵。《中国制造 2025》提出了“三步走”战略，提出力争通过三个十年的努力实现制造强国的战略目标。第一步，到 2025 年，制造业整体素质大幅提升，创新能力显著增强，形成一批具有较强国际竞争力的跨国公司和产业集群，迈入世界制造强国行列；第二步，到 2035 年，中国制造业整体达到世界制造强国阵营中等水平；第三步，新中国成立一百年时，制造业大国地位更加巩固，综合实力进入世界制造强国前列，如图 1-9 所示。

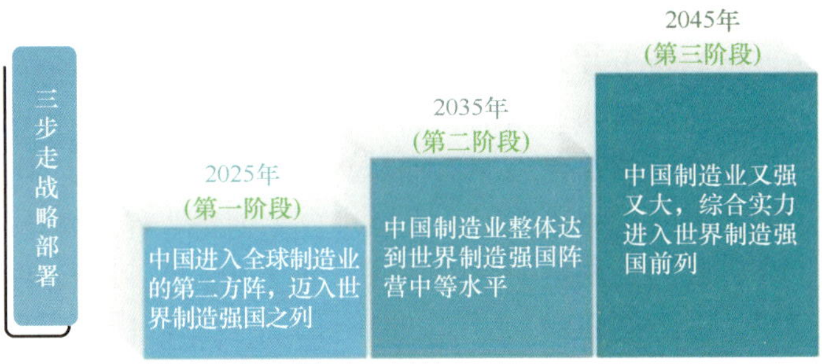


图 1-9　《中国制造 2025》“三步走”战略

《中国制造 2025》规划是应对全球新一轮科技革命和产业变革所需，是进一步提升制造业全球竞争力的重要举措。《中国制造 2025》的主要内容可以用“一、二、三、四、五、五、十”来概括：

“一”就是一个目标，即实现制造业由大变强的历史跨越。

“二”就是两化融合，坚定不移地推进信息化与工业化深度整合，抢占新一轮发展的制高点。

“三”就是“三步走”战略，力争用三个十年时间，通过“三步走”实现制造强国的战略目标。

“四”就是在推进制造强国战略中必须坚持的四项原则：一是市场主导，政府引导；二是立足当前，着眼长远；三是整体推进，重点突破；四是自主发展，开放合作。

“五”第一个“五”就是五个方针，即创新驱动、质量为先、绿色发展、结构优化和人才为本。第二个“五”就是五大工程，即高端装备创新、工业强基、创新能力建设、智能制造和绿色发展。

“十”就是大力推动十大重点领域突破发展，即重点聚焦新一代信息技术产业、高档数控机床和机器人、航空航天装备、海洋工程装备及高技术船舶、先进轨道交通装备、节能与新能源汽车、电力装备、农机装备、新材料、生物医药及高性能医疗器械，如图 1-10 所示。

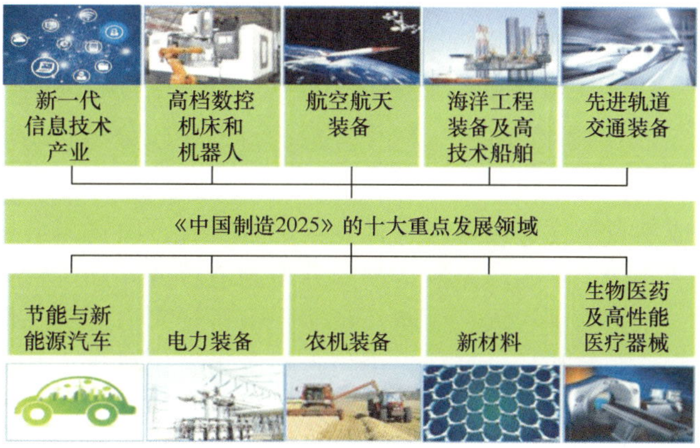


图 1-10 《中国制造 2025》十大重点发展领域

### 2. 中国制造的机遇与挑战

当前发达国家纷纷实施“再工业化”战略，重塑制造业竞争新优势。一些发展中国家也在加快谋划和布局，积极参与全球产业再分工，承接产业及资本转移。我国制造业面临发达国家和其他发展中国家“双向挤压”的严峻挑战。

中国是制造业大国，也是互联网大国，拥有完备的产业体系、坚实的制造业基础和巨大的国内市场，中国政府高度重视智能制造的发展。在中国政府的决策部署下，以及有关部门的共同努力下，中国智能制造发展取得了积极成效。这体现在通过政府与企业联动确立了中国制造业数字化、网络化、智能化并行推进的发展路径，初步形成了智能制造推进体系；通过填补一批关键装备、工业软件空白，初步建立起智能制造标准、工业互联网体系架构，实现了某些关键领域的突破；通过国家层面实施智能制造试点示范项目，形成了一批可以推广到相关行业的新模式，生产效率明显提高；通过不断深化开放合作，在标准体系架构、标准路线图制定、标准互认、产业园区建设等方面开展了务实合作。相关数据显示，中国智能制造试点示范项目实施前后的生产效率平均提升 30% 以上，运营成本平均降低 20% 左右。

尽管我国在智能制造领域的发展取得了长足进步，但与发达国家制造业的差距还是不容忽视的，主要体现在以下几方面。

1）自主创新不足。我国智能制造装备在自主创新方面明显不足，完全自主知识产权的技术产品稀缺，原创技术及基础研究较少，关键技术及核心部件依赖进口，对外依存度较高。

2）产业结构待改善。体现在中低端产业产能过剩，高端产业的保障能力不能得到有效满足，尤其是先进装备及核心部件、高性能材料及高技术制造工艺等方面，导致我国制造业中低端市场同质化竞争严重。

3）能源消耗较大。由于长期的粗放式发展，而且受制于环保技术开发、环境保护投入、企业社会责任制度建设缺失等方面，与制造业发达国家相差较大。

在新的挑战面前，以劳动力成本低、资源及能源消耗大，甚至以牺牲环境为代价的发展模式难以为继。在这种形势下，中国要抢占制造业新一轮竞争制高点，必须以质量发展促进制造业转型升级，重塑中国制造业的核心竞争优势。

随着中国经济走向新常态，经济增速从高速增长转向中高速增长，经济发展将更多依靠创新驱动，并将出现更多的新业态、新模式，在“中国制造2025”“互联网+”等战略激发下，中国制造业创新发展迎来了一个新时代。

3. 中国制造的转型策略

“中国制造2025”与“互联网+”行动计划推动新一代信息技术与制造业深度融合，制造业转型升级时不我待。中国制造业亟待走出一条智能转型、绿色发展之路，从而实现由低成本竞争优势向质量效益竞争优势转变，由资源消耗大、污染物排放多的粗放制造向绿色制造转变，由生产型制造向服务型制造转变。

制造强国，人才为本。虽然中国科技人力资源总量规模大，科技人力投入增长快，但是与发达国家相比，科技人力投入强度不高，科技人才队伍质量不高，严重缺乏创新型人才，成为制造业转型升级的突出瓶颈。未来应加强创新型人才队伍建设，加强职业教育和企业职工技能培训，不断提高制造业员工素质，为制造业从速度型扩张走向质量型增长提供动力。

首先，面对全球制造业发展的新变化，面对新一轮技术革命，中国制造业要有跨越与赶超的勇气与动力，抓住消费需求转变的历史时刻，抓住新一轮技术革命，特别是目前大数据、人工智能技术正在发展，中国在5G通信方面已经有领先优势，在高端智能设备制造、数字制造方面不断进步的情况下，中国智能制造发展通过自主创新实现技术突破，掌握全球制造业的价值链高端，发展形成新制造的生产模式，形成新制造的核心竞争力，从而推动中国由制造大国向制造强国转变，成为全球制造业的领军者。

其次，作为制造业的全新制造模式，以及制造业发展的现实与未来方向，智能制造具有制造业发展的前瞻性，能够带动制造业与价值链的升级和转型；具有较高的价值链控制力和一定的价值链治理权；能够发挥知识溢出效果、产业关联带动作用，以及有助于形成低碳、循环经济、环境友好的产业生态系统。为此，中国在推进新制造发展过程中特别需要注意培育以三种能力。

1）全球价值链控制力。智能制造应成为制造业全球价值链领军者，具有较高的全球价值链控制力。智能制造的价值链控制力是指通过价值链上的关键环节和关键技术、生产技术标准掌控链上其他合作供应商为之配套合作，共同创造价值。由于有控制力，智能制造具有相关产业的战略引领性，即一方面意味着新制造本身具有产业发展的前瞻性，另一方面能够带动其他价值链上相关产业集聚发展和产业升级，同时能够在为消费者生产服务的过程中获得高附加值。

2）自主创新发展能力。智能制造之所以新，是因为它是新技术发展的结果，是科技创新产业创新的结果。智能制造的新应该是持续性的新，不是今天一时的新。为此，智能制造需要强大的创新发展能力，能够不断使智能制造的技术、工艺、产品、服务进行迭代，成为制造业发展的方向标。智能制造的强大创新发展能力不光表现在能够出成果，还表现在能够高效率地出成果，这样才能一直保持全球领先。

3）强大的国际竞争力。强大的国际竞争力是指新制造有全球独到的技术，可以给全球消费者提供他们偏好的更加满意的产品与服务，有赖于全球其他合作产业、合作企业，以及开放创新。

推进新制造发展的第三大策略是传统制造转型升级与智能制造发展并重。智能制造是制造业发展的方向，是制造强国的必经之路。为此，在推动智能制造发展过程中必须重视对现行制造业的数字化、智能化改造，对其生产制造方式进行逐步转变。不能只关注智能制造的发展而忽视对传统制造转型升级的大力推动。我国传统制造业在数字化、智能化转型后至少可以具备技术含量高、经济效益好、创新能力强、资源消耗低、环境污染少的特点，同时由于其原有的产业基础深厚，在创造就业、提升服务等方面可以继续发挥重要作用，因此时下促进智能制造的发展和传统制造业的转型升级同等重要。

## 单元 4　新质生产力

2023年度中国企业新质生产力优秀案例1

2023年度中国企业新质生产力优秀案例2

### 1.4.1　新质生产力的概念

2023 年 9 月，习近平总书记在黑龙江考察调研时首次提出“积极培育新能源、新材料、先进制造、电子信息等战略性新兴产业，积极培育未来产业，加快形成新质生产力，增强发展新动能”，并强调“整合科技创新资源，引领发展战略性新兴产业和未来产业，加快形成新质生产力”。2024 年 1 月 31 日下午，习近平总书记在主持中共中央政治局就扎实推进高质量发展进行的第十一次集体学习时再次强调：“发展新质生产力是推动高质量发展的内在要求和重要着力点，必须继续做好创新这篇大文章，推动新质生产力加快发展”。准确把握新质生产力的本质特征和丰富内涵，用新质生产力理论武装头脑，有利于为全面推进高质量发展提供科学指导和遵循，为中国式现代化建设提供强有力的支撑和恒久动能。

新质生产力是由技术革命性突破、生产要素创新性配置、产业深度转型升级而催生的当代先进生产力，它以劳动者、劳动资料、劳动对象及其优化组合的质变为基本内涵，以全要素生产率提升为核心标志。

从经济学角度看，新质生产力代表一种生产力的跃迁。它是科技创新在其中发挥主导作用的生产力，高效能、高质量，区别于依靠大量资源投入、高度消耗资源和能源的生产力发展方式，是摆脱了传统增长路径、符合高质量发展要求的生产力，是数字时代更具融合性、更体现新内涵的生产力。新质生产力核心在创新，它以科技创新为引擎，以新产业为主导，以产业升级为方向，以提升核心竞争力为目标，融合人工智能、大数据等数字技术，更强调内在的发展质量，在激发质量变革、效率变革、动力变革中，走出一条生产要素投入少、资源配置效率高、资源环境成本低、经济和社会效益好的新增长路径。新质生产力与既有概念的联系如图 1-11 所示。

### 1.4.2　新质生产力的特点

生产力是人类改造自然、征服自然的能力，是推动人类文明不断向前发展的决定力量和动力源泉。回顾人类文明发展史，正是伴随生产力转型变革的主线，人类文明才得以延续和发展。

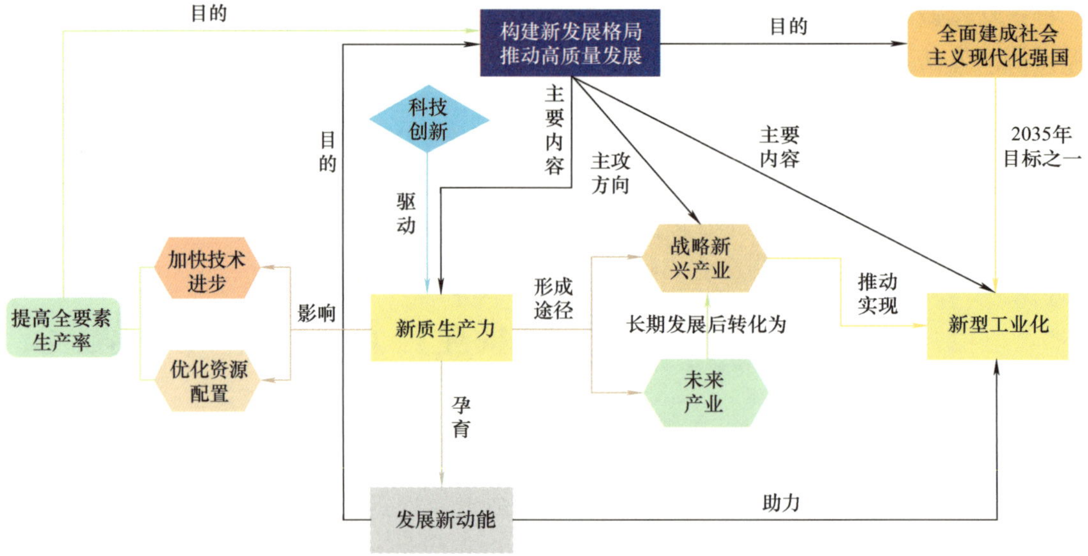


图 1-11 新质生产力与既有概念的联系

远古时代，石器的使用拉开了人类文明的开端，山顶洞、河姆渡等文化在人类文明历史上留下了鲜明的印迹。早期农业时代，水稻等作物栽培种植技术取代采摘狩猎，人类利用自然规律服务于生产生活，人类文明由此进入新阶段。瓦特改良蒸汽机点燃工业革命，经济社会迎来跨越式质变，规模化机器生产代替了手工制造，生产力飞速发展，世界文明进入工业化时代。步入信息化时代，互联网、大数据、云计算、区块链等新型技术蓬勃兴起，万物互通、智能智造，人类生产生活进入信息化、智能化、智慧化阶段。这些新技术的产生有可能颠覆人类生产生活方式，是完全不同于传统技术形式的新质生产力，会带来不同于以往的发展变迁。新质生产力是生产力质的跃迁，不同于传统意义上的生产力，新质生产力有四大较突出的特点。

1. 摆脱了要素驱动的传统扩张模式

传统的生产力推动经济增长的模式是依靠劳动资料、劳动对象和劳动者大量投入的水平型扩张。比如办一个家具工厂，需要投入资金、人力、木材、油漆等劳动要素，同样地，要想促进一个地区的经济发展，就需要投入大量的资金、人力和类似木材这样的生产要素，还需要耗费大量水力、电力等公共资源。这种模式不仅严重依赖要素投入，而且生产力发展速度和经济增长速度都较为缓慢。而新质生产力驱动的产业发展降低了自然资源和能源的投入，使经济增长摆脱了要素驱动的数量型扩张模式。比如近年来常提到的“数字经济”，不同于传统生产需要投入大量的土地、劳动力和消耗自然资源。数字经济的发展更多消耗的是“数据要素”。传统生产要素，无论是各类自然资源，还是劳动人口，都不是无限可得的，而且在生产过程中会产生消耗，并产生废物和排放污染。数字经济的数据一旦产生，便会永远存在，而且数据参与生产过程之后仍然存在，可以无限次循环使用，没有污染、排放等问题，使用过程中还会促进新的数据产生。从这个角度来看，发展新质生产力，对于解决现代社会很多问题，诸如能源危机、寻找经济新增长点、污染问题、人口红利拐点、地区发展不均衡等，都有非常重要的现实意义。马克思指出“劳动生产力总是在不断地变化”。一方面，生产力划分了不同的经济社会发展时代，如农耕技术、蒸汽机和发电机、计算机分别对应着农耕社会、工业社会和信息社会；另一方面，每一个时代也具有该时代特有的新技术、新要素、新产业，生产力具有时代特征。当前新一轮科技革命和产业变革正深入突进，颠覆性技术群包括数字技术、低碳技术、生物技术等，其中颠覆性最强、影响力最广的是数字技术与低碳技术，推动当前的新质生产力呈现数字化、绿色化的特征。

2. 颠覆性创新驱动

与传统生产力的发展依靠渐进型的增量式创新不同，新质生产力的形成源自基础科学研究的重大突破和对原有技术路线的根本性颠覆，在此基础上形成了一批颠覆性技术群。最典型的例子就是2023年初ChatGPT4.0的面世，让AI技术有了颠覆性的进展，并且在此基础上诞生出了一大批具有颠覆性价值的“AI+”技术群，工业生产、教育、医疗、互联网、商业、军事等，一夜之间几乎所有的领域都开始与AI技术相结合，找到了新的发展方向。随着这些颠覆性技术的逐步成熟，会形成相对于传统产业而言全新的产品、生产资料、零部件和原材料，使人类可利用的生产要素的范围不断扩展，使产业结构、增长动力、发展质量发生重大变革。

3. 全新产业链条

由于颠覆性的科技创新改变了原有的技术路线，全新的产品或服务满足已有的市场需求或者创造全新的市场需求的过程中，会带来产品架构、商业模式、应用场景的相应改变。产业链条表现在“链条的环节构成”与“链条不同环节的地理空间分布”两个方面，颠覆性的科技创新会使这两方面都发生重大改变。一方面，新的产品架构、商业模式的出现，使产品或服务生产和交付所需要的原材料、零部件、基础设施等发生根本性改变。例如，新能源汽车以电池、电机、电控系统替代了传统燃油汽车中的发动机、变速器等部件，使得汽车产业链条上的很多环节都发生了改变，同时也促进了充电桩等基础设施的发展，减少了对传统油气资源的依赖。另一方面，这些新的原材料、零部件的生产国家和企业及其所占市场份额也发生巨大变化，从而改变产业链各环节的地理空间分布。

4. 符合高质量发展的要求

新质生产力的形成和发展会全方位提升产业发展的质量，加快现代化产业体系的建立。具体来说有三个方面。

1）提高生产效率。颠覆性技术中有很多是通用目的技术，具有强大的赋能作用，一方面会使劳动资料的功能显著提升，另一方面还会优化劳动资料、劳动对象的组合，从而提高生产效率。例如，机器人、人工智能技术替代了许多原本由人工完成的工作，不仅节约了成本，而且使生产的效率、精度、良品率都显著提高。

2）增加附加价值。一方面，新质生产力所形成的新产品、新产业技术门槛高，掌握新技术的企业数量少，市场竞争不激烈，且在产业链中具有更大的话语权，因此可以实现更高的增加值率；另一方面，新质生产力创造迎合了用户（包括消费者与企业）以前未能满足的潜在需求，开辟了新的市场，带来新的产业增长空间。

3）减少环境影响。不可忽视，工业化对自然生态造成了巨大压力，而随着生活水平的提高，人民群众对美好环境的需求不断增长。新质生产力更有利于发挥科的技创新推动经济增长的作用，用知识、技术、管理、数据等新型生产要素替代自然资源、能源等传统生产要素，并能够使生产活动中产生的副产品循环利用，减少产品生产和使用对生态环境的损害，形成经济增长与生态环境改善的和谐并进。

生产力迭代是人类文明发展的内生引擎。抓住生产力转型升级的契机，就能把握时代、引领时代。谁能抓住机遇，谁就能占领先机、赢得优势，真正掌握竞争和发展主动权。进入新时代，新一轮科技革命和产业变革与我国加快转变经济发展方式形成历史性交汇，唯有完整、准确、全面贯彻新发展理念，打破依靠传统要素驱动经济增长的路径依赖，才能真正形成新质生产力，走出一条高质量发展新路。

### 1.4.3　加快培育新质生产力

新质生产力肯定了新产业孕育的新动能，界定了新时期推动经济发展的决定力量，指明了我国经济高质量发展的主攻方向。它不仅意味着以科技创新推动产业创新，更体现了以产业升级构筑新竞争优势赢得发展的主动权。

近年来，我国经济发展面临复杂的内外部环境，无论是当前提振信心、推动经济回升向好，还是在未来发展和国际竞争中赢得战略主动，根基在实体经济，关键在科技创新，方向是产业升级。加快培育新质生产力要把握好以下三点。

1）打造新型劳动者队伍，包括能够创造新质生产力的战略人才和能够熟练掌握新质生产资料的应用型人才。畅通教育、科技、人才的良性循环，弘扬科学家精神和企业家精神，营造鼓励大胆创新的良好氛围。

2）用好新型生产工具，特别是掌握关键核心技术，赋能发展新兴产业。技术层面要补短板、筑长板、重视通用技术。产业层面要巩固战略性新兴产业，提前布局未来产业，改造提升传统产业。支持战略性新兴产业和未来产业发展，激励企业加快数智化转型，实现实体经济与数字经济的深度融合。

3）塑造适应新质生产力的生产关系，通过改革开放着力打通束缚新质生产力发展的堵点、卡点，让各类先进优质生产要素向发展新质生产力顺畅流动和高效配置。扩大高水平对外开放，不断改善营商环境，加强知识产权保护，形成具有全球竞争力的开放创新生态，与全球企业和人才共享中国的发展红利。

当前，以新能源汽车、锂电池、光伏为代表的“新三样”表现亮眼。中国汽车工业协会数据显示，2023年全年，我国新能源汽车产销量分别达958.7万辆和949.5万辆，同比分别增长35.8%和37.9%；在全球动力电池装车量前十位的企业中，有一半以上来自中国；中国光伏行业协会数据显示，2023年，我国光伏制造端产值超过1.75万亿元，同比增长17.1%，制造端各环节产量再创历史新高；同时，“新三样”产品合计出口首次突破万亿元。从服装、家电、家具“老三样”到“新三样”，世界货架上的“中国制造”之变，正是我国制造业发展提质升级的生动写照。“新三样”的快速崛起，为推动经济持续恢复向好注入信心和活力，成为培育新质生产力的强大动能。

培育发展先进制造业集群，归根到底是要通过协同创新和相互协作推动制造业迈向中高端，从而提高产业竞争力。经过坚持不懈的努力，我国建立了结构完整、有机协同的新能源汽车产业体系，产销量逐年攀高，不仅在珠三角，目前我国正在形成长三角、京津冀、西南、中部等多个新能源汽车产业生态群，形成了新能源汽车与相关行业互融共生、合作共赢的良好发展局面，图 1-12 所示为新能源汽车智能化生产线。

创新是引领发展的第一动力，“新三样”加快形成新质生产力，技术创新是关键。当前，我国新能源汽车电池、电机、电控、智能化等关键技术和生产水平持续取得创新突破，走在世界前列。在动力电池方面，宁德时代“千里续航”麒麟电池量产交付，并发布全球首个磷酸铁锂4C超充电池，实现了充电 10min 续航400km；由上海汽车集团股份有限公司投资的清陶科技，在全球率先实现了半固态电池的研发量产，2024 年，第一款搭载半固态电芯、续航超过 1000km 的“智己”品牌纯电动轿车上市发售。在智能化方面，华为 ADS2.0、小鹏 XNGP 等“智驾”系统都实现了不依赖高精地图的城区智能辅助驾驶；小米汽车自主研发了全球首个可量产的“端到端感知决策大模型”，可实现实时观察、动态调整泊入机械库位等超高难度功能。

图 1-12 新能源汽车智能化生产线

凭借领先技术，我国新能源汽车行业也开始由“用市场换技术”向“反向输出技术”转变。宁德时代采用技术授权的服务模式，帮助福特汽车建造自己的电池工厂；小鹏汽车与大众汽车达成技术合作框架协议，共同开发两款大众汽车品牌电动车型。技术合作模式的出现，说明我国已不仅是单纯的汽车市场，还是汽车技术创新策源地。未来，将会有更多的国际企业在我国开展类似的合作。

技术的迭代更新，也是推动光伏行业发展的核心驱动力。美国国家可再生能源实验室（NREL）发布的全球太阳能电池实验室最高效率图显示，自 2023 年以来，我国企业、研究机构 5 次打破纪录，目前保持在榜纪录 7 项。其中，我国企业创造的全球硅基太阳能电池效率最高纪录 26.81% 保持至今。

我国“新三样”产品持续“走俏”海外，成为中国“智造”走向世界的一张亮丽“名片”。数据显示，2023 年，我国新能源汽车、锂电池、光伏“新三样”产品合计出口 1.06 万亿元，首次突破万亿元大关，增长近 30%。与此同时，“新三样”走出去的模式也更加多元，除了产品出口，到海外投资建厂也已成为众多企业的战略选择。

## 思考题

1. 制造业的发展历程是什么？
2. 什么是智能制造？智能制造在各国的发展现状是什么？
3. 智能制造的特征是什么？智能制造的发展趋势是什么？
4. 中国智能制造的现状和智能制造标准体系框架是什么？
5. 什么是新质生产力？其基本特点有哪些？

# 模块2

# 智能制造装备技术

## 学习目标

1. 了解智能制造装备关键技术的发展历程。
2. 掌握智能制造装备关键技术的工作原理。
3. 了解智能制造装备技术的发展趋势。
4. 了解智能制造装备技术的工程应用。

## 重点和难点

1. 工业机器人的结构与关键技术。
2. 增材制造技术与智能检测技术的工作原理。
3. 物联网技术体系架构与关键技术。
4. 数控机床的发展历程及趋势。

## 延伸阅读

1. 中国机床工业萌芽。
2. 中国数控机床发展历程。

中国机床工业萌芽

中国数控机床发展历程

工业机器人技术

## 单元1 工业机器人技术

机器人（Robot）是自动执行工作的机器装置。它既可以接受人类指挥，又可以运行预先编制的程序，也可以根据以人工智能技术制定的原则纲领行动。它的任务是协助或取代人类的工作，例如，生产领域、建筑业、或对人身有损害的行业。

1954 年，第一台可编程的机器人在美国诞生，1959 年，美国人乔治·德沃尔与约翰·英格伯格联手制造出第一台工业机器人，标志着机器人技术进入制造业。1962 年，美国 AMF 公司生产出第一台圆柱坐标型机器人。1969 年，日本研发出第一台以双脚走路的机器人。1984 年，美国推出医疗服务机器人 Help Mate，可在医院为病人送饭、送药。1999 年，日本索尼公司推出大型机器狗爱宝（AIBO）。这一阶段，服务机器人发展迅速，应用范围日趋广泛。2016 年，阿尔法围棋机器人（AlphaGo）是第一个击败人类职业围棋选手、第一个战胜围棋世界冠军的人工智能机器人，其主要工作原理是“深度学习”。它象征着计算机技术已进入人工智能的新信息技术时代，其特征就是大数据、大计算、大决策，三位一体。它的智慧正在接近人类。

我国在 1972 年开始工业机器人研究。1982 年，中国科学院沈阳自动化研究所研制出我国第一台工业机器人。20 世纪 80 年代，我国工业机器人发展主要涉及喷涂、焊接等工业流水线上机械手的研发。2000 年，中国独立研制的第一台类人型机器人诞生，随着感知、计算等技术的发展，机器人越来越智能化。2015 年，世界级“网红”索菲亚（Sophia）诞生。索菲亚是由中国香港的汉森机器人技术公司（Hanson Robotics）开发的类人型机器人，是历史上首台获得公民身份的机器人。索菲亚“大脑”中的计算机算法能够识别面部，并能与人进行眼神接触。“863 计划”启动后，我国开始大力支持工业机器人技术发展。“十五”规划（2001—2005 年）期间，我国开始发展危险任务机器人、反恐军械处理机器人、类人机器人和仿生机器人等。“十一五”规划（2006—2010 年）期间，我国开始重点关注智能控制和人机交互的关键技术。“十二五”规划（2011—2015 年）期间，“智能制造”开始正式全面提上国家战略。2016 年，《机器人产业发展规划（2016—2020 年）》发布，开始进一步完善机器人产业体系，扩大产业规模，增强技术创新能力，提升核心零部件生产能力，提升应用集成能力。

### 2.1.1 工业机器人的定义

在科技界，科学家会给每一个科技术语一个明确的定义，但机器人（Robot）问世已有几十年，机器人的定义仍然仁者见仁，智者见智，没有统一的意见。原因之一是机器人还在发展，新的机型、新的功能不断涌现。其根本原因主要是因为机器人涉及了人的概念，是一个难以回答的哲学问题。就像机器人一词最早诞生于科幻小说中一样，人们对机器人充满了幻想。也许正是由于机器人定义模糊，才给了人们充分的想象和创造空间。自机器人诞生之日起，人们就不断地尝试着说明到底什么是机器人。

在研究和开发未知及不确定环境下作业的机器人过程中，人们逐步认识到机器人技术的本质是感知、决策、行动和交互技术的结合。随着人们对机器人技术智能化本质认识的加深，机器人技术开始源源不断地向人类活动的各个领域渗透，机器人所涵盖的内容越来越丰富，机器人的定义也在不断充实和创新。机器人是一种可以自动执行操作或者移动作业的机械装置，它具有感知、规划、决策、控制等功能，能够完成人类难以完成的任务和重复、枯燥、危险或恶劣环境下的工作。机器人从用途上可以分为工业机器人、农业机器人、医疗机器人、巡检机器人等；从空间上可以分为陆、海、空等机器人，其中工业机器人是主力，其次是水下机器人、空间机器人等。

根据机器人的应用环境，国际机器人联合会（IFR）将机器人分为工业机器人和服务机器人。现阶段，考虑到我国在应对自然灾害和公共安全事件中对特种机器人有着相对突出的需求，中国电子学会将机器人划分为工业机器人、服务机器人和特种机器人三类，如图 2-1 所示。

工业机器人是面向工业领域的多关节机械手或多自由度的机器装置，具有柔性好、自动化程度高、可编程性好、通用性强等特点。国际上，工业机器人的定义主要有以下三种。

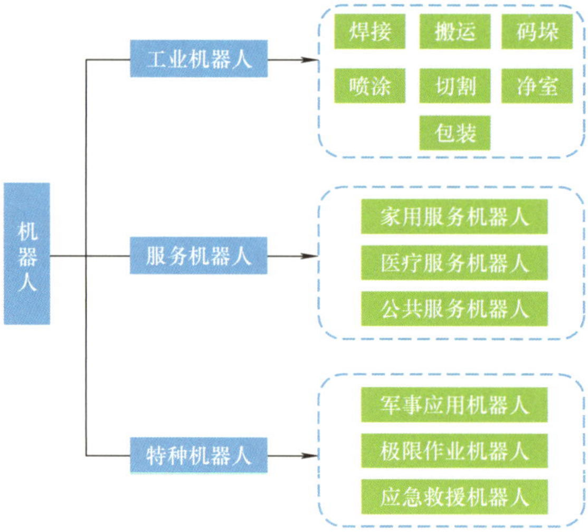


图2-1　机器人的分类

1）国际标准化组织（ISO）的定义：工业机器人是一种具有自动控制的操作和移动功能，能完成各种作业的可编程操作机。

2）美国机器人工业协会（RIA）的定义：一种可以反复编程和多功能的，用来搬运材料、零件、工具的操作机；或者为了执行不同的任务而具有可改变和可编程的动作的专门系统。

3）日本工业机器人协会（JIRA）的定义：工业机器人是一种装备有记忆装置和末端执行器的，能够转动并通过自动完成各种移动来代替人类劳动的机器。

不管机器人有多复杂，不管是何种类型的机器人，它都是一个自动化的系统，具备感知系统、决策系统和控制系统。机器人的关键技术主要就是四部分：本体机构、感知、决策和执行技术，用自动化的语言来描述，机器人是一个感知、决策和执行的反馈控制系统。

机器人也涵盖了许多交叉学科，如机械工程、人工智能、控制科学、计算机、电子、材料以及多学科交叉融合。机器人在今天无处不在，被广泛应用于制造业、物流业、医疗行业、人类生活服务、海洋、航空航天等领域，其在汽车制造和电子制造中也发挥了极大的作用。这些机器人从外观上已远远脱离了最初仿人型机器人和工业机器人所具有的形态，更加符合各种不同应用领域的特殊要求，其功能和智能程度也大大增强，从而为机器人技术开辟出更加广阔的发展空间。常见的工业机器人如图2-2所示。

## 2.1.2　工业机器人的结构与关键技术

### 一、工业机器人的结构

工业机器人是面向工业领域的多关节机械手或多自由度机器人，它的出现是为了解放人工劳动力，提高企业生产率。工业机器人最主要的形式就是工业机械臂，其品种非常多，典型的是4、5和6自由度（轴）机械臂。每多一个自由度，就表示机器人的动作多一个灵活度。工业机器人的基本组成结构是实现机器人功能的基础，主要包括机械部分、传感部分和控制部分三个模块，如图 2-3 所示。

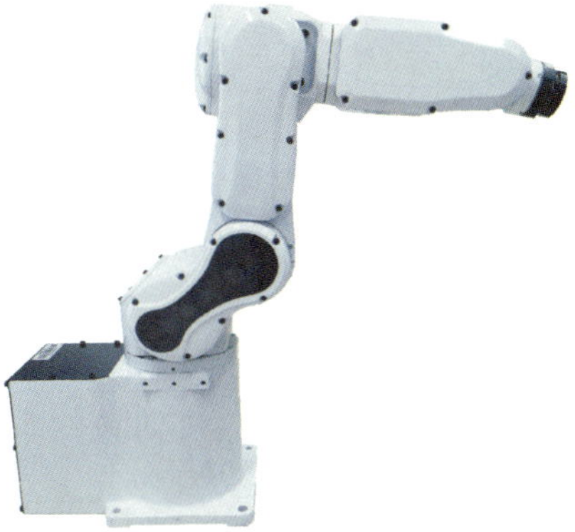

图 2-2　常见的工业机器人

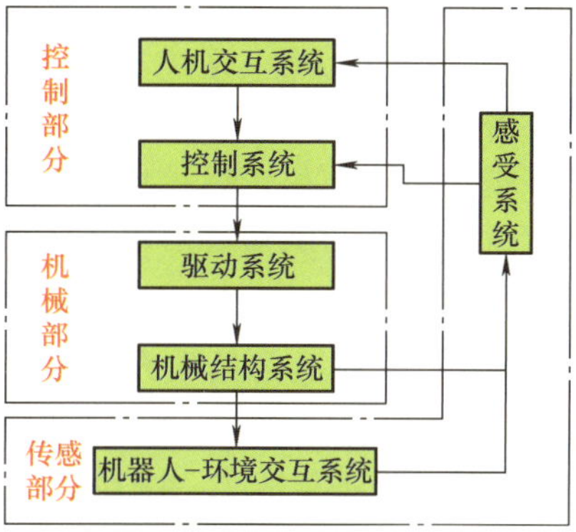


图 2-3　工业机器人的结构

**1. 机械部分**

工业机器人机械部分是通常所说的机器人本体部分。这部分主要分为两个系统：驱动系统和机械结构系统。

（1）驱动系统

要使工业机器人运行起来，需要各个关节安装传感装置和传动系统，这就是驱动系统。它的作用是提供工业机器人各部分、各关节动作的原动力。驱动系统传动部分可以是液压传动系统、电动传动系统、气动传动系统，或者是几种系统结合起来的综合传动系统。

（2）机械结构系统

工业机器人机械结构系统主要由四大部分构成：机身、臂部、腕部和末端执行器。每一个部分都具有若干的自由度，从而构成一个多自由度机械系统。末端执行器是直接安装在手腕上的一个重要部件，它可以是多手指的手爪，也可以是喷漆枪或焊具等作业工具，如图 2-4 所示。

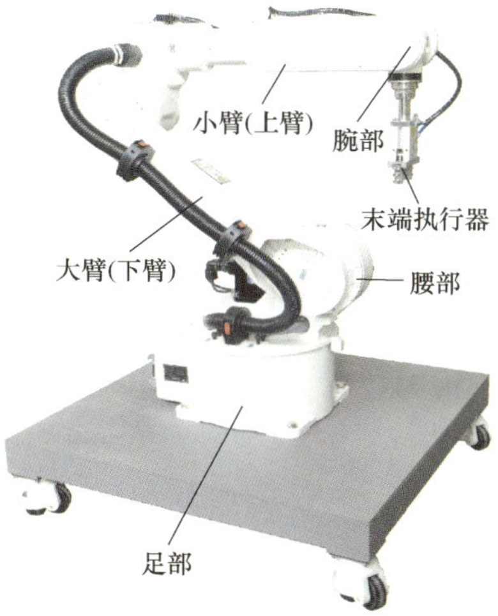


图 2-4　工业机器人机械结构系统构成

### 2. 传感部分

传感部分就好比人类的五官，为机器人工作提供感觉，帮助机器人工作过程更加精确。这部分主要可以分为两个系统：感受系统和机器人-环境交互系统。

（1）感受系统

感受系统由内部传感器模块和外部传感器模块组成，用于获取内部和外部环境状态中有意义的信息。智能传感器可以提高机器人的机动性、适应性和智能化的水准。对于一些特殊的信息，传感器的灵敏度甚至可以超越人类的感觉系统。

（2）机器人-环境交互系统

机器人-环境交互系统是实现工业机器人与外部环境中的设备相互联系和协调的系统。工业机器人与外部设备集成为一个功能单元，如加工制造单元、焊接单元、装配单元等。也可以是多台机器人、多台机床设备或多个零件存储装置集成为一个能执行复杂任务的功能单元。

### 3. 控制部分

控制部分相当于机器人的大脑，可以直接或者通过人工对机器人的动作进行控制，控制部分也可以分为两个系统：人机交互系统和控制系统。

（1）人机交互系统

人机交互系统是使操作人员参与机器人控制并与机器人进行联系的装置，例如，计算机的标准终端、指令控制台、信息显示板、危险信号警报器、示教盒等。简单来说，该系统可以分为两大部分：指令给定系统和信息显示装置。

（2）控制系统

控制系统主要是根据机器人的作业指令程序以及从传感器反馈回来的信号支配的执行机构去完成规定的运动和功能。根据控制原理，控制系统可以分为程序控制系统、适应性控制系统和人工智能控制系统三种。根据运动形式，控制系统可以分为点位控制系统和轨迹控制系统两大类。

## 二、工业机器人的关键技术

我国机器人技术发展迅速，但工业机器人关键零部件国产化率依然有很大的提升空间。2011—2020 年，国内机器人技术相关的专利数量快速增加，年平均申请数量为 17009.2 件，年平均增长率为 39.53%，最高年增长率为 79.67%（2016 年），2018 年的年度申请量最高，申请数量为 37853 件。我国机器人专利数量的快速增长，说明了自 2011 年以来我国机器人技术的快速发展。但工业机器人关键零部件技术国产化率低制约着我国工业机器人产业的发展。我国工业机器人机械本体国产化率为 30%，减速器国产化率为 10%，控制器国产化率为 13%，伺服系统国产化率为 15%；而在我国工业机器人生产成本结构中，伺服系统、控制器与减速器这三大核心零部件因为技术壁垒高，国产化程度低，主要依赖进口，因而成本占比较高，超过了 70%。工业机器人涉及的学科非常广泛，从功能角度着手，其关键技术可以分成三大块。

### 1. 整机技术

整机技术是指以提高工业机器人产品的可靠性和控制性能，提升工业机器人的负载/自重比，实现工业机器人的系列化设计和批量化制造为目标的机器人技术。主要有本体优化设计技术、机器人系列化标准化设计技术、机器人批量化生产制造技术、快速标定和误差修正技术、机器人系统软件平台等。本体优化设计技术是其中的代表性技术。在工业机器人本体设计过程中，应当考虑以下设计原则：

1）最小运动惯量设计原则。

2）高强度、高刚度设计原则。

3）可靠性设计原则。

### 2. 部件技术

部件技术是指以研发高性能机器人零部件，满足工业机器人关键部件需求为目标的机器人技术。部件技术主要有高性能伺服电动机设计制造技术、高性能/高精度机器人专用减速器设计制造技术、开放式/跨平台机器人专用控制（软件）技术、变负载高性能伺服控制技术等。高性能伺服电动机设计制造技术和高性能/高精度机器人专用减速器设计制造技术是其中的代表性技术。伺服电动机和机器人专用减速器分别如图 2-5 和图 2-6 所示。

图 2-5　伺服电动机

图 2-6　机器人专用减速器

### 3. 集成应用技术

集成应用技术是指以提升工业机器人任务重构、偏差自适应调整能力，提高机器人人机交互性能为目标的机器人技术。集成应用技术主要有基于智能传感器的智能控制技术、远程故障诊断及维护技术、基于末端力检测的力控制及应用技术、快速编程和智能示教技术、生产线快速标定技术、视觉识别和定位技术等。视觉识别定位技术是其中的代表性技术。图 2-7 所示为视觉应用系统框图。

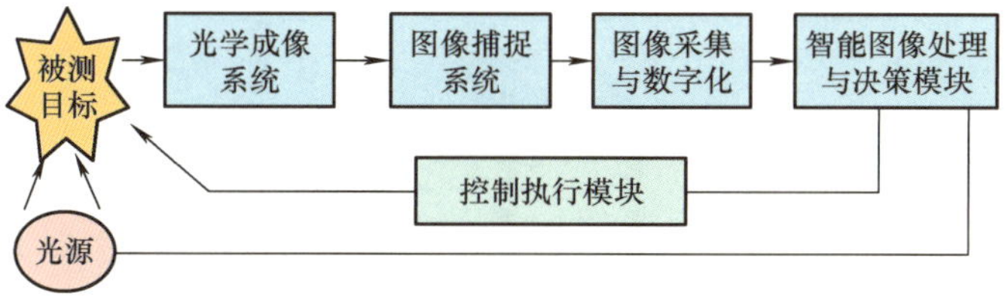


图 2-7　视觉应用系统框图

## 三、工业机器人的特点

### 1. 可编程

生产自动化的进一步发展是柔性自动化。工业机器人可随其工作环境变化的需要而再编程，因此它在小批量、多品种且具有均衡高效率的柔性制造过程中能发挥很好的功用，是柔性制造系统（FMS）中的一个重要组成部分。

**2. 拟人化**

工业机器人在机械结构上有类似人的腿部、足部、腰部、大臂、小臂、手腕、手指等部位。此外，智能化工业机器人还有许多类似人的“生物传感器”，如皮肤型接触传感器、力传感器、负载传感器、视觉传感器、声觉传感器、语言功能等。传感器提高了工业机器人对周围环境的自适应能力。

**3. 通用性**

除了专门设计的专用的工业机器人，一般工业机器人在执行不同的作业任务时具有较好的通用性。比如，更换工业机器人的末端执行器（手爪、工具等）便可执行不同的作业任务。

**4. 机电一体化**

工业机器人技术涉及的学科相当广泛，但是归纳起来是机械学和微电子学的结合——机电一体化技术。第三代智能机器人不仅具有获取外部环境信息的各种传感器，而且还具有记忆能力、语言理解能力、图像识别能力、推理判断能力等人工智能，这些都和微电子技术的应用，特别是计算机技术的应用密切相关。因此，机器人技术的发展必将带动其他技术的发展，机器人技术的发展和应用水平也可以验证一个国家科学技术和工业技术的发展水平。

## 2.1.3　工业机器人的应用及发展趋势

### 一、工业机器人的应用

2021 年年底，国际机器人联合会（IFR）发布的《世界机器人 2021 工业机器人》报告显示，2020 年有 71% 的工业机器人部署在亚太地区。2020 年，工业机器人年销售量在亚洲地区呈现增长态势，在欧洲和美洲地区都在下降。如图 2-8 所示，2020 年亚太地区安装了 26.6 万台工业机器人，比 2019 年的 25 万台同比增长 6.40%。其中，中国市场增长势头强

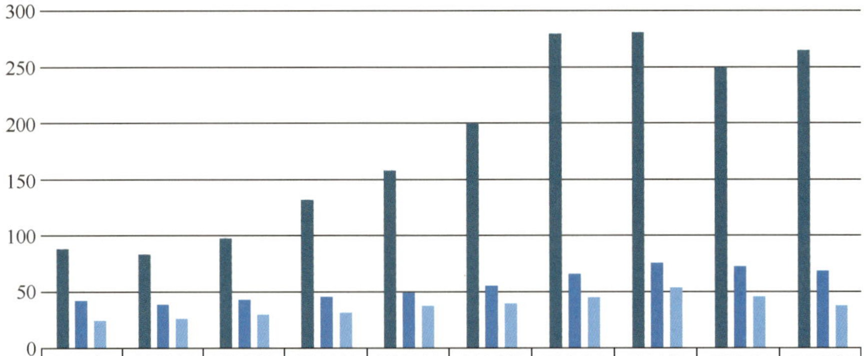


| | 2011年 | 2012年 | 2013年 | 2014年 | 2015年 | 2016年 | 2017年 | 2018年 | 2019年 | 2020年 |
|---|---|---|---|---|---|---|---|---|---|---|
| 亚太地区 | 89 | 85 | 99 | 134 | 161 | 200 | 280 | 283 | 250 | 266 |
| 欧洲 | 44 | 41 | 43 | 46 | 50 | 56 | 67 | 76 | 74 | 68 |
| 美洲 | 26 | 28 | 30 | 33 | 38 | 41 | 46 | 55 | 47 | 39 |

图 2-8　2011—2020 年不同地区工业机器人年销售量（千台）

劲，而日本市场和韩国市场安装量都在下降，分别下降 23% 和 7%。在欧洲，工业机器人 2020 年销售量为 6.8 万台，相比 2019 年下降了 8.11%。2020 年美洲销售量为 3.9 万台，相比 2019 年的 4.7 万台下降了 17.02%。

汽车、电子电气、金属制造、塑料及化学品和食品饮料行业是目前工业机器人重要的应用行业，五个行业销量占比超过了 80%。汽车和电子电气行业是工业机器人应用最多的两个行业，两个行业销量占比超过 65%，如图 2-9 所示。

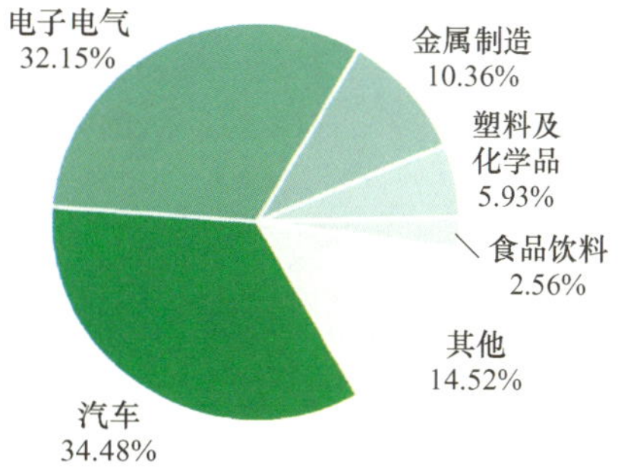


图 2-9　全球工业机器人应用领域分布

我国国家政策的支持和智能制造加速升级，使工业机器人市场规模持续迅速增长。根据 2019 年 8 月中国电子学会发布的《中国机器人产业发展报告 2019》，我国生产制造智能化改造升级的需求日益凸显，工业机器人需求依然旺盛，我国工业机器人市场保持向好发展，约占全球市场份额的 1/3。另外，根据国际机器人联合会（IFR）《世界机器人 2021 工业机器人》报告统计，我国工业机器人密度在 2017 年达到 97 台/万人，超过全球平均水平，在 2021 年突破 140.5 台/万人，达到发达国家平均水平。从长期来看，制造企业对工业机器人仍有巨大需求，机器人价格下行的态势也将延续。在“量增价降”综合因素的作用下，工业机器人本体销售额平稳增长，如图 2-10 所示。

图 2-10　2014—2023 年我国机器人本体销售额及增长率

按照应用类型分，2020 年搬运仍然是机器人的第一大应用领域，占机器人应用总量的 38%，其次是焊接机器人，占比为 29%；第三为装配机器人，占比为 10%，如图 2-11 所示。

在我国，目前工业机器人主要应用于汽车行业以及 3C 领域，2019 年应用于汽车与 3C 电子行业的工业机器人占比分别为 29.2% 与 23.4%；与此同时，全球范围内工业机器人的应用领域也以汽车与 3C 领域为主，应用占比分别为 28.2% 与 23.6%。可以看出，我国工业机器人的应用情况与全球应用情况基本一致，如图 2-12 所示。

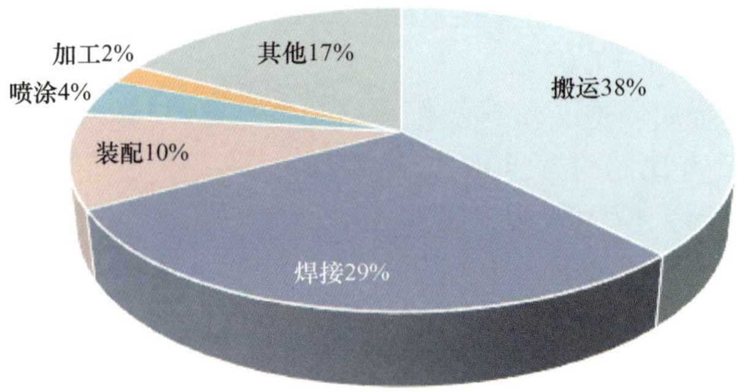


图2-11 中国工业机器人应用类型

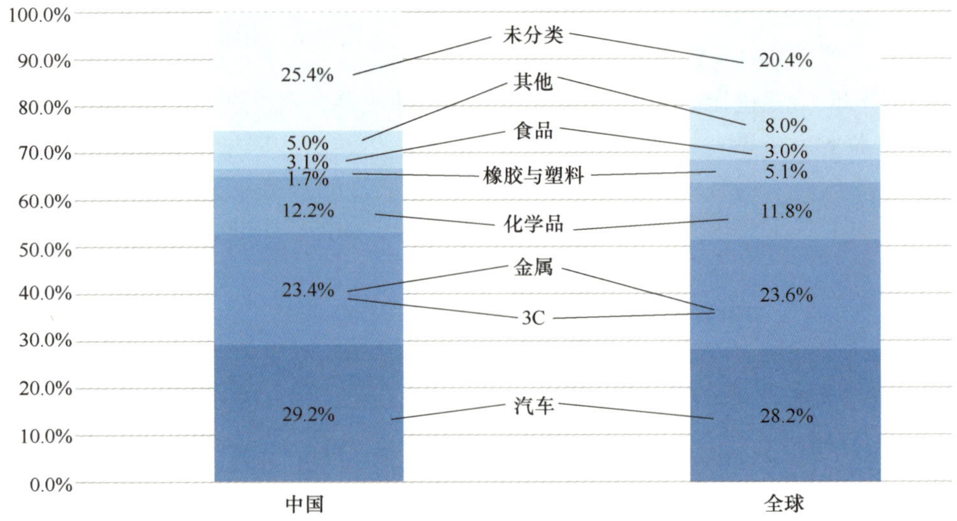


图2-12 我国工业机器人应用领域分布

我国机器人产业在经济发展水平、工业基础、市场成熟度与人才环境等关键因素的推动影响下，形成了错位发展的典型特征。长三角地区作为我国机器人产业发展的高地，已经形成相对完备的机器人产业链；珠三角地区依托区域内良好的应用市场基础，多个领域的细分行业应用驱动着机器人产业发展；京津冀地区人才活跃程度、政策支持力度较好，有智能机器人创新生态优势；东北地区在保持工业及特种机器人的优势发展地位的基础上，重点打造工业与特种机器人产业集群；中部地区拥有一批各具发展特色的机器人骨干企业，着重建设规模化生产基地；西部地区重点引进国外机器人龙头企业，带动本地众多中小机器人初创企业快速成长。

以园区和龙头企业为依托合力推动形成的产业集聚已成为我国机器人产业发展的一个重要特征。各地地方政府围绕本体制造、系统集成、零部件生产等机器人产业链核心环节，主导建设各具特色、优势互补的机器人产业园区与特色小镇，逐渐形成技术与资本高地，产业布局日趋合理，辐射带动作用明显增强，吸引了相当一部分有发展前景的项目和企业积极加入园区，见表 2-1。

表 2-1 我国机器人产业集聚区域发展特色

| 集聚区域 | 样本城市 | 园区/龙头企业 | 发展特色 |
| --- | --- | --- | --- |
| 长三角地区 | 上海 | 上海交科松江科创园 | 上海交大科技创业研究中心的创业研究基地，培养科技创业领军人才，发掘推动科技创新创业项目 |
| | 昆山 | 昆山高新区机器人产业园 | 建立健全机器人产业基地、大学科技园、科技产业园、机器人产业科普馆、专业孵化器、专业加速器“六位一体”工作机制 |
| 珠三角地区 | 佛山 | 中国（广东）机器人集成创新中心 | 致力于推动机器人自主创新突破，通过借力中国工程院、华中科技大学等科研院所创新资源，扶持重点企业，并引导机器人相关企业实现共同发展 |
| 京津冀地区 | 唐山 | 国家火炬唐山机器人特色产业基地 | 形成以工业机器人为支撑、特种机器人为特色的特种机器人产业体系 |
| 东北地区 | 哈尔滨 | 哈南机器人园区/哈工大机器人集团 | 重点面向工业机器人、特种机器人领域，聚焦机器人本体、精密减速器、伺服驱动器、电机、控制器等核心部件及机器人系统集成 |
| | 沈阳 | 中德沈阳装备制造产业园/新松机器人自动化股份有限公司 | 重点为智能制造、汽车制造等产业提供工业机器人、特种机器人和服务机器人的研发及应用 |
| 中部地区 | 洛阳 | 洛阳机器人智能装备产业园 | 拥有两个院士工作站 、一个国家级孵化器，与上海交大、西北工大等高校及科研院所建立了产学研合作关系 |
| | 芜湖 | 芜湖机器人产业园/埃夫特智能装备股份有限公司 | 着力打造机器人本体及核心零部件的研发和制造，机器人系统及成套设备集成应用，为制造业提供完整的解决方案 |
| 西部地区 | 重庆 | 重庆两江新区机器人产业园 | 集机器人整机总装总成及管件部件制造、成果孵化转让、研发检测、人才培训、运营维护于一体的机器人产业综合示范区域 |

我国工业机器人在快速发展的同时，也在加快工业机器人伺服电机、减速器、控制器等关键部件的国产替代，工业机器人核心部件国产化将成为未来发展的重要趋势。下面介绍工业机器人的主要应用范围。

**1. 机械加工应用**

随着生产制造向着智能化和信息化发展，机器人技术越来越多地应用到机械加工的打磨、抛光、钻削、铣削、钻孔等工序当中。与进行加工作业的工人相比，加工机器人对工作环境的要求相对较低，具备持续加工的能力，同时加工产品质量稳定、生产率高，能够加工多种材料类型的工件，如铝、不锈钢、铜、复合材料、树脂、木材和玻璃等，有能力完成各类高精度、大批量、高难度的复杂加工任务，如图 2-13 所示。

机械加工行业机器人应用量并不高，只占了 2%，原因是因为市面上有许多自动化设备可以胜任机械加工的任务。加工机器人主要应用领域包括零件铸造、激光切割以及水射流切割。

### 2. 机器人喷涂应用

喷涂机器人又称为喷漆机器人，是可进行自动喷漆或喷涂其他涂料的工业机器人，如图 2-14 所示。

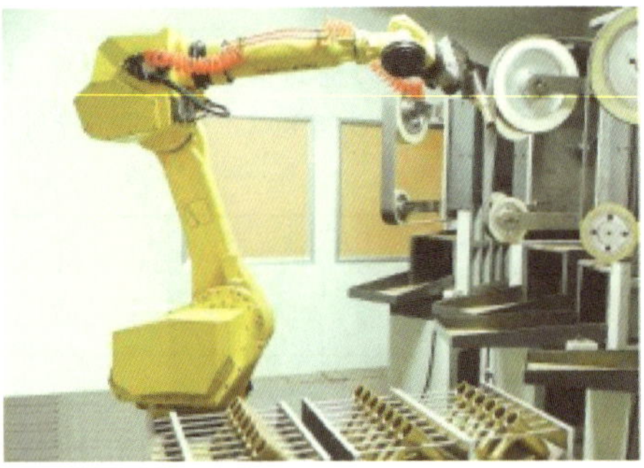

图 2-13　加工机器人

图 2-14　喷涂机器人

喷涂机器人的主要优点：①柔性大，工作范围大，可实现多种车型的混线生产，如轿车、旅行车、皮卡车等车身混线生产；②提高喷涂质量和材料使用率，仿形喷涂轨迹精确，提高涂膜的均匀性等外观喷涂质量；③易于操作和维护，可离线编程，大大缩短现场调试时间；④设备利用率高，喷涂机器人的利用率可达 90% ~95%。

### 3. 机器人焊接应用

在汽车、工程机械、船舶、农机等行业，焊接机器人的应用十分普遍。作为精细度需求较高、工作环境质量较差的生产步骤，焊接的劳动强度极大，对焊接工作人员的专业素养要求较高。由于机器人具备抗疲劳、高精准、抗干扰等特点，应用焊接机器人技术取代人工焊接，可保证焊接质量的一致性，提高焊接作业效率。

机器人焊接应用主要包括在汽车行业中使用的点焊和弧焊，许多加工车间都逐步引入焊接机器人，用来实现自动化焊接作业，如图 2-15 所示。

### 4. 机器人搬运应用

借助人工程序的构架与编排将搬运机器人投放入当今制造业生产中，从而实现运输、存储、包装等一系列工作的自动化进程，不仅有效地解放了劳动力，而且提高了搬运工作的实际效率。通过安装不同功能的执行器，搬运机器人能够适应各类自动化生产线的搬运任务，实现多形状或不规则的物料搬运作业，如图 2-16 所示。同时考虑到化工原料及成品的危险性，利用搬运机器人进行运输能降低安全隐患，减小危险品及辐射品对搬运人员的人体伤害。

目前搬运仍然是工业机器人的第一大应用领域，约占工业机器人整体应用的40%。许多自动化生产线需要使用机器人进行上下料、搬运以及码垛等操作。近年来，随着协作机器人的兴起，搬运机器人的市场份额一直呈增长态势。

图2-15　焊接机器人

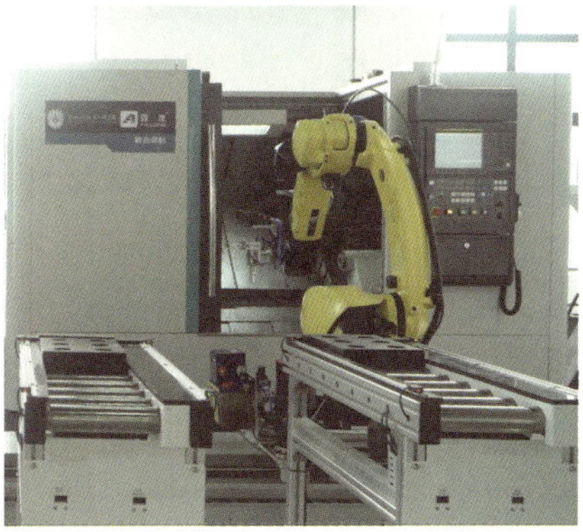

图2-16　搬运机器人

### 5. 机器人装配应用

装配机器人主要用于各种电器（包括家用电器，如电视机、录音机、洗衣机、电冰箱、吸尘器）、小型电机、汽车及其部件、计算机、玩具、机电产品及其组件的装配等方面，如图2-17所示。装配机器人是柔性自动化装配系统的核心设备，由机器人操作机、控制器、末端执行器和传感系统组成。其中，操作机的结构类型有水平关节型、直角坐标型、多关节型和圆柱坐标型等；控制器一般采用多CPU或多级计算机系统，实现运动控制和运动编程；末端执行器为适应不同的装配对象而设计成各种手爪和手腕等；传感系统用来获取装配机器人与环境和装配对象之间相互作用的信息。

图2-17　汽车产线装配机器人

近年来，工业机器人应用领域不断扩大，已经由汽车、电子、食品包装等传统领域逐渐向新能源电池、环保设备、高端装备、生活用品、仓储物流、线路巡查等新兴领域加快布局，带动相关产业发展。中国作为全球第一制造大国，以工业机器人为标志的智能制造在各行业的应用越来越广泛，其中汽车行业就是工业机器人活动的一大领域。除了工业机器人，在其他领域如医疗、楼宇和室内配送、家用陪护、复杂环境专业清洁、城市应急安防、影视娱乐拍摄与制作、能源与矿产开采、航空航天、海洋探测、爆破、国防与军事等领域都在逐步应用服务机器人和特种机器人。

## 二、工业机器人的发展趋势

全球机器人基础与前沿技术正在迅猛发展，涉及工程材料、机械控制、传感器、自动化、计算机、生命科学等各个方面，大量学科在相互交融促进中快速发展，轻型化、柔性化、智能化趋势明显，实践应用场景持续拓展。从全球来看，日本和欧洲是工业机器人的主要产地，瑞士ABB、日本发那科（FANUC）和安川电机、德国库卡（KUKA）四大企业在全球工业机器人市场的占有率超过50%，被称为机器人“四大家族”，位列全球机器人行业第一梯队。四大家族在机器人各个技术领域内各有所长，ABB的核心技术是控制系统，FANUC的核心技术是数控系统，KUKA的核心技术是控制系统和机器人本体，安川电机的核心技术是伺服系统和运动控制器，机器人“四大家族”基本情况对比见表2-2。

表2-2　机器人“四大家族”基本情况对比

| 公司名称 | 主要业务 | 公司优势 | 代表产品 |
|---|---|---|---|
| ABB（瑞士） | 控制系统，电力产品，电力系统，低压产品，离散自动化，运动控制、过程控制，过程自动化，系统集成业务 | 电力电机和自动化设备巨头，集团优势突出，拥有强大的系统集成能力，运动控制核心技术优势突出 | 离线编程软件RobotStudio、IRB系列机器人、IRC系列机器人控制器、电子电器等 |
| FANUC（日本） | 数控系统、自动化、机器人 | 数控系统世界第一，占据了全球70%的市场份额；除减振器以外，核心零部件都能自给，盈利能力极强 | LR Mate系列装配机器人、CR系列搬运机器人、M系列机床和物流搬运机器人等 |
| KUKA（德国） | 系统集成+本体，焊接设备、机器人本体、系统集成、物流自动化 | 全球领先的机器人及自动化生产设备和解决方案的供应商之一，采用开放式的操作系统 | 机械手臂、LBR iiwa轻型机器人、KR QUANTEC press冲压连线机器人等 |
| 安川电机（日本） | 伺服+运动控制器、电力电机设备，运动控制，伺服电机，机器人本体 | 日本第一个做伺服电机的公司，典型的综合机器人企业，伺服机、控制器等关键零部件均自给，性价比较高 | GP、VA、MA、MFL、MFS等系列搬运、码垛、机床机器人 |

工业机器人的市场集中度非常高，伺服电机、控制系统、减速机等核心零部件的技术壁垒较高，高昂的生产成本和技术专利垄断是制约其他企业发展的重要因素。

当今世界各国都在大力发展机器人技术，如美国的“国家机器人计划2.0”，德国的“工业4.0计划”、中国的“中国制造2025”以及日本的“机器人新战略”，推动机器人向着高端制造、智能制造进军，抢占制高点。

美国的“国家机器人计划2.0”强调多机器人之间相互交流和协作，打造机器人感知。德国的“工业4.0计划”更多地强调智能工厂，打造智能强国，在智能生产线、智能车间、智能工厂中发挥机器人作用，通过信息物理系统将机器人融合到生产线中。欧盟各国期望打造机器人协同作业，强调机器人之间的协作和面向医疗、人类生命健康的机器人及手术机器人。

中国机器人近十年来的发展可以分为两个阶段，前五年基本上在产业发展期，目前已经进入高端期。《中国制造 2025》和《新一代人工智能发展规划纲要》等的发布就是要推进智能机器人发展，为国民经济和国家重大战略、重大工程服务。

当前，各个国家对机器人技术都非常重视，生活中对智能化要求的提高也促进了机器人的发展。在这样的背景下，机器人技术的发展可谓是一日千里，未来机器人将在柔性、人机交互、生肌电控制、情感识别、液态金属控制等技术的基础上飞速发展。目前的机器人还处于“工业 1.0、2.0”的阶段，未来机器人的应用将面向网络协同化制造，基于柔性的自动化生产线进行小批量、多品种和个性化的制造，需要具备数字化、网络化、智能化的特征，具备工业互联网络架构下的智能制造，形成从产品设计、研发、制造到服务的全流程智能制造。随着机器人应用领域的拓展，苛刻的生产环境对机器人的重量、体积和灵活度都提出了更高的要求。与此同时，随着研发水平的不断提升、工艺技术的不断创新以及新材料的相继投入使用，机器人未来将逐渐向微型化、轻型化、柔性化方向发展。

#### 1. 微型化

微型机器人对医学界有着很大的影响，例如胶囊胃镜机器人，可通过磁场对胶囊在胃部的控制实现轻松舒适的胃部检查。机器人微型化将是未来的一个发展方向。

#### 2. 轻型化

在 2018 年汉诺威工业博览会上，KUKA 公司带来了一款轻型机器人——LBR iisy，该机器人体积小巧，功能强大。ABB 公司也推出了 IRB 1100 轻量型机器人，是 ABB 当时最轻量的机器人，未来机器人将逐渐向轻型化发展。

#### 3. 柔性化

柔性机器人使用比较柔软的高分子材料制造，也有以生物为导向的技术和材料生成的，具有高灵活性、可变形性、能量吸收性等特点。

此外，机器人发展需要一个规划好的可执行性的战略，还要有创新的环境和下一代机器人的标准和技术，最关键的是要着力培养一批高水平科研产业人才。

## 单元 2 增材制造技术

### 2.2.1 增材制造技术概述

增材制造技术是 20 世纪 80 年代后期发展起来的新型制造技术。2013 年，美国麦肯锡咨询公司发布的《展望 2025》报告中将增材制造技术列入决定未来经济的十二大颠覆技术之一。经过近 40 年的发展，增材制造技术面向航空航天、轨道交通、新能源、新材料、医疗仪器等战略新兴产业领域已经展示了重大价值和广阔的应用前景，是先进制造的重要发展方向，是智能制造不可分割的重要组成部分。增材制造技术已成为世界先进制造领域发展最快、技术研究最活跃、关注度最高的学科方向之一。

2018 年，全球增材制造产业产值达到 97.95 亿美元，较 2017 年增加 24.59 亿美元，同比增长33.5%；全球工业级增材制造装备的销量近20000台，同比增长17.8%，其中金属增材制造装备销量近2300台，同比增长29.9%，销售额达9.49亿美元，均价为41.3万美元。以美国GE公司为代表的航空应用企业开始采用增材制造技术批量化生产飞机发动机配件，尝试整机制造，显示了增材制造技术的颠覆性意义。相应地，欧洲及日本等发达地区和国家也逐渐把增材制造技术纳入未来制造技术的发展规划中，比如欧盟规模最大的研发创新计划——“地平线2020”，计划7年内（2014—2020年）投资800亿欧元，其中就选择10个增材制造项目，总投资2300万欧元；2019年，德国经济和能源部发布的《国家工业战略2030》将增材制造列为十个工业领域“关键工业部门”之一；2014年，日本发布的《制造业白皮书》将机器人、下一代清洁能源汽车、再生医疗及3D打印技术作为重点发展领域。

我国增材制造技术和产业发展速度快，规模稳步增长，技术体系和产业链条不断完善，产业格局初步形成，支撑体系逐渐健全，已逐步建立起较为完善的增材制造产业生态体系。根据中国增材制造产业联盟的统计，在2015—2017年的三年间，我国增材制造产业规模年均增速超过30%，增速高于世界平均水平；我国本土企业实现快速成长，涌现出一批龙头企业，产业发展速度加快。发展自主创新的增材制造技术是我国由“制造大国”向“制造强国”跨越的必由之路，对建设创新型国家，发展国民经济，维护国家安全，实现社会主义现代化具有重要的意义。

### 一、增材制造的定义

增材制造（Additive Manufacturing，AM）也称为3D打印，融合了数字化技术、制造技术、激光技术及新材料技术等多个学科技术，以数字模型文件为基础，通过软件与控制系统将专用的金属材料、非金属材料及医用生物材料按照挤压、烧结、熔融、光固化、喷射等方式逐层堆积，将CAD数字模型快速而精密地制造成三维实体物品的制造技术，实现真正的“自由制造”。相对于传统制造对原材料切削去除、组装的加工模式，增材制造是一种“自下而上”通过材料累加的制造方法，是一种从无到有的制造模式。与传统制造技术相比，增材制造不仅能够通过使用精准的几何形状和材料用量来减少浪费，而且因不需要大量使用其他辅助工具和仪器，而实现了生产率的提升，这使得过去受到传统制造方式的约束而无法实现的复杂结构件制造变为可能。

增材制造技术具有柔性高、无模具、周期短、不受零件结构和材料限制等一系列优点，在航空航天、汽车、电子、医疗、军工等领域得到了广泛应用。

### 二、增材制造成型原理及其工艺

增材制造技术是采用离散/堆积成型的原理，通过离散获得堆积的路径、限制和方式，经过材料堆积叠加形成三维实体的一种前沿材料成型技术。其制造过程：对具有CAD构造的产品三维模型进行分层切片，得到各层界面的轮廓，按照这些轮廓，激光束选择性地切割一层层的纸（或树脂固化、粉末烧结等），形成各界面并逐步叠加成三维产品。由于增材制造技术把复杂的三维制造转化为一系列二维制造的叠加，因而可以在没有模具和工具的条件下生成任意复杂的零部件，极大地提高了生产效率和制造柔性。增材制造技术体系可分解为几个彼此联系的基本环节：三维模型构造、模型近似处理、切片处理、堆积成型、后处理等。增材制造过程如图2-18所示。

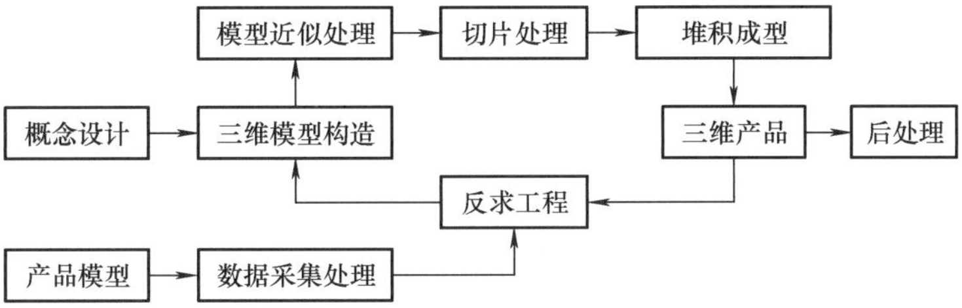


图 2-18 增材制造过程

根据材料成型原理的不同，可以将增材制造技术分为以下几种工艺：光固化快速成型（SLA）、激光烧结成型（SLS）、分层实体制造成型（LOM）、熔融沉积成型（FDM）和选择性激光熔化成型（SLM），见表 2-3。

表 2-3 增材制造技术中的成型工艺

| 工艺类型 | SLA | SLS | LOM | FDM | SLM |
|---|---|---|---|---|---|
| 形成原理 | 光固化 | 烧结 | 黏合 | 熔融 | 熔化 |
| 材料种类 | 光敏树脂 | 热塑性塑料/金属混合粉末 | 热塑性塑料 | 热塑性塑料 | 金属或合金 |
| 材料形态 | 液态 | 粉末或丝料 | 纸材 | 粉末或丝材 | 粉末 |
| 精度 | 高 | 一般 | 低 | 低 | 高 |
| 支撑 | 有 | 无 | 无 | 有 | 有 |
| 优点 | 技术成熟度高 | 材料种类多 | 成型速度快 | 无需激光器 | 功能件制造 |
| 缺点 | 略有毒性 | 工件致密度差 | 材料浪费 | 成型速度慢 | 材料成本高，工件易变形 |

1. 光固化快速成型（SLA）

光固化快速成型工艺也称为立体光刻印刷。光固化快速成型的工艺原理：液槽中盛满液态光敏树脂，在控制系统的控制下，激光器按零件各分层的截面形状在光敏树脂表面进行逐点扫描，被扫描区域的光敏树脂发生聚合反应，一层固化完成后，工作台下移一层的厚度，进行下一层的扫描，新固化的树脂黏结在前一层上，如此反复，直到整个零件制造完毕，得到一个三维实体原型。其成型工艺原理如图 2-19 所示。

2. 激光烧结成型（SLS）

激光烧结是利用粉末材料（金属粉末或非金属粉末）在激光照射下烧结，然后在计算机的控制下堆积成型。根据粉末材料的不同可以分为直接法和间接法。激光烧结成型工艺原理如图 2-20 所示。其工作原理：利用铺粉辊在工作台或成型的零件上表面铺上一层很薄的粉末材料，并且加热至恰好低于烧结点的某一温度，激光束在计算机的控制下按照零件当前层的轮廓对粉末材料进行扫描，并与成型部分粘连。完成一个截面的烧结后，工作台下降一个粉末层的高度，进行新一层的烧结，直至整个零件完成。激光烧结对成型区的温度要求较高，如果偏离最适成型温度较大，那么制件表面的球化现象会加剧，导致成型件的表面质量下降。

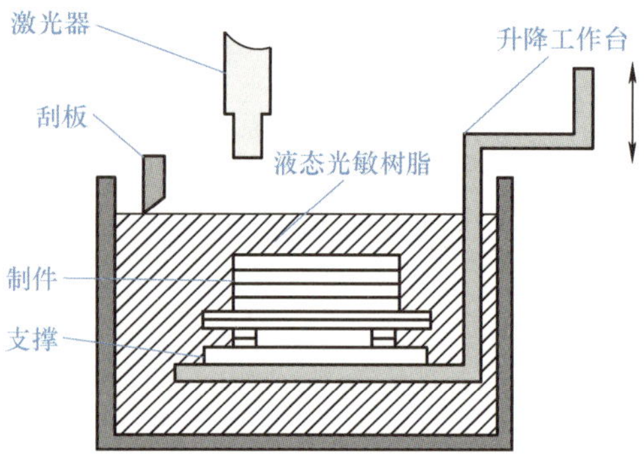


图 2-19　光固化快速成型工艺原理

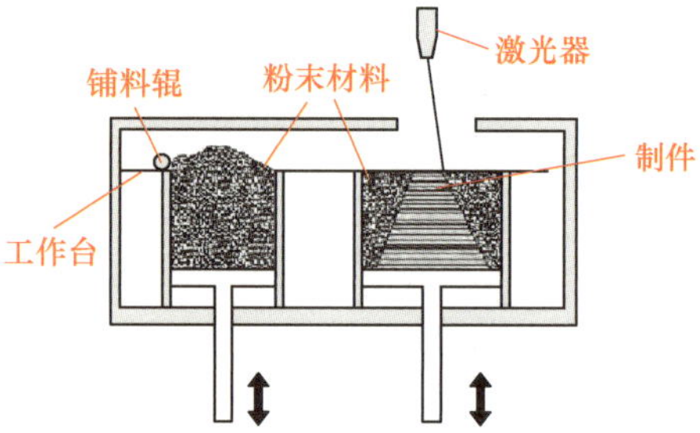


图 2-20　激光烧结成型工艺原理

### 3. 分层实体制造成型（LOM）

分层实体制造是出现较早的快速成型技术之一，在多年的发展中，显示出了巨大的发展潜力和广阔的市场前景。分层实体制造工艺：送料辊筒将背面带有热熔胶的纸材送进一个步距，通过热压辊筒辊压将纸材与基底或制作完成的叠层粘贴在一起，控制系统根据当前轮廓控制激光器进行层面切割，当前层切割完成后进行下一层的制作，如此反复粘贴→切割→粘贴，直到模型制造完成，再将多余的废料除去。其成型工艺原理如图 2-21 所示。

### 4. 熔融沉积成型（FDM）

熔融沉积成型又称为熔丝成型。其成型原理：熔融沉积成型装置的喷头可以沿 $x$、$y$ 方向运动，工作台沿 $z$ 方向运动，加热装置将热熔性丝状材料加热至稍高于固化温度的熔融状态，喷头按照零件的截面轮廓信息在 $xy$ 平面内运动并将熔融材料涂敷在前一层面，与之熔结在一起，完成一个面的沉积后，工作台下降一个预设增量的高度，继续涂覆沉积，直至零件堆积成型，其成型工艺原理如图 2-22 所示。

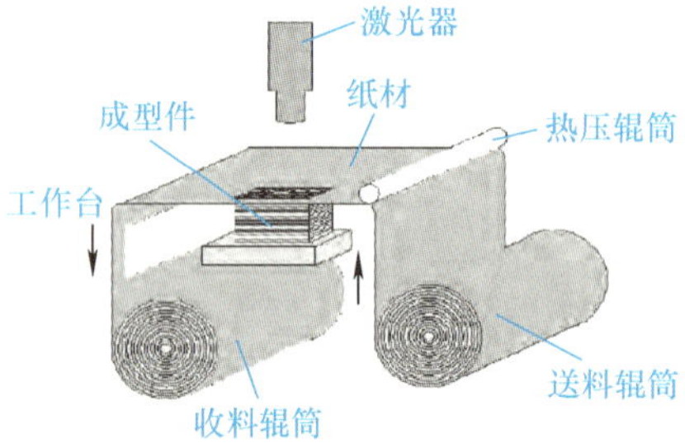


图 2-21　分层实体制造成型工艺原理

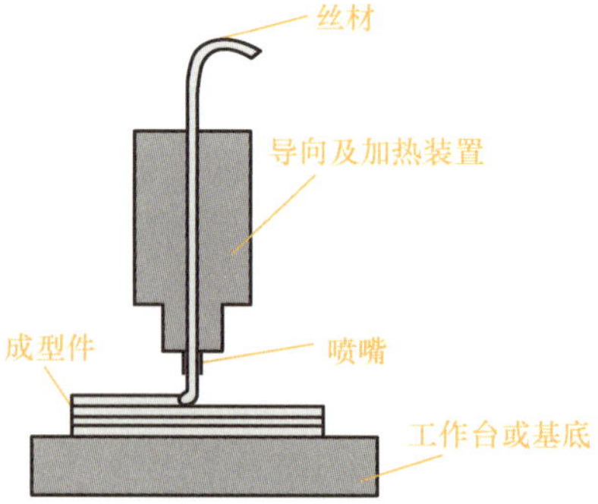


图 2-22　熔融沉积成型工艺原理

### 5. 选择性激光熔化成型（SLM）

选择性激光熔化成型是金属材料增材制造中的一个主要技术途径。该技术选用激光作为能量源，按照三维 CAD 切片模型中规划好的路径在金属粉末床层进行逐层扫描，扫描过的金属粉末通过熔化、凝固从而达到冶金结合的效果，最终获得模型所设计的金属零件。SLM 技术克服了由传统技术制造具有复杂形状的金属零件带来的困扰，它能直接成型近乎全致密且力学性能良好的金属零件，其成型工艺原理如图 2-23 所示。

## 三、增材制造关键技术

### 1. 材料单元的控制技术

如何控制材料单元在堆积过程中的物理与化学变化是一个难点，例如，金属直接成型中，激光熔化的微小熔池的尺寸和外界气氛控制直接影响制造精度和制件性能。

### 2. 设备的再涂层技术

增材制造的自动化涂层是材料累加的必要工序，再涂层的工艺方法直接决定了零件在累加方向的精度和质量。分层厚度向 0.01mm 发展，控制更小的层厚及其稳定性是提高制件精度和降低表面粗糙度的关键。

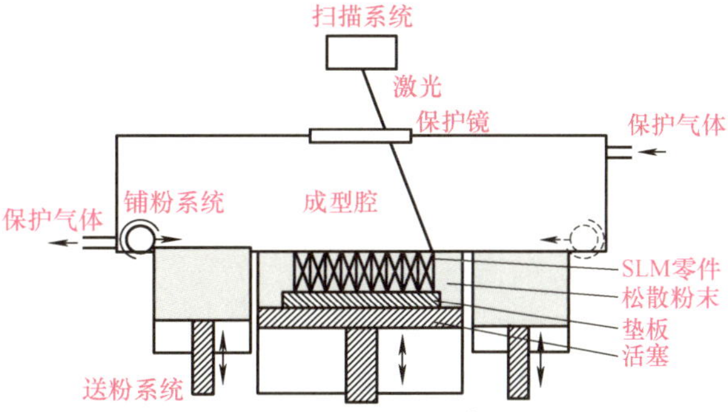


图 2-23　选择性激光熔化成型工艺原理

### 3. 高效制造技术

增材制造在向大尺寸构件制造技术发展，例如，金属激光直接制造飞机上的钛合金框混结构件，框混结构件长度可达 6m，制作时间过长，如何实现多激光束同步制造，提高制造效率，保证同步增材组织之间的一致性和制造结合区域质量是发展的难点。

### 4. 软件技术

软件是增材制造技术发展的基础，主要包括三维建模软件、数据处理软件及控制软件等。三维建模软件主要完成产品的数字化设计和仿真，并输出 STL 文件，数据处理软件负责进行 STL 文件的接口输入、可视化、编辑、诊断检验及修复、插补、分层切片，完成轮廓数据和填充线的优化，生成扫描路径、支撑及加工参数等，控制软件将数控信息输出到步进电动机，控制喷射频率、扫描速度等参数，从而实现产品的快速制造。

### 5. 新材料技术

成型材料是增材制造技术发展的核心之一。它实现了产品“点-线-面-体”的快速制作，目前常使用的材料有金属粉末、光敏树脂、热塑性塑料、高分子聚合物、石膏、纸、生物活性高分子等材料，并实现了工程应用，如 2013 年 7 月，NASA 选用镍铬合金粉末制造了火箭发动机的喷嘴，并顺利通过点火试验；2015 年 7 月，北京大学人民医院在完成骶骨肿瘤切除手术后，在患者骨缺损部位安放了增材制造的金属骶骨，使患者躯干与骨盆重获联系。然而，我国基础性（材料的物理、化学及力学性能等）研究不足，缺乏材料特性数据库，高端成型材料（高性能光敏树脂、金属合金、喷墨黏结剂等）大多依赖进口，缺少规模化材料研发公司且没有相应的标准规范，致使现阶段制造的零件主要用于概念设计、实验测试与模具制造，只有少数功能件实现了产业化。

### 6. 再制造技术

再制造技术给予了废旧产品新生命，延伸了产品使役时间，实现了可持续发展，是增材制造技术的发展方向。它以损伤零件为基础，对其失效的部分进行处理，恢复其整体结构和使用功能，并根据需要进行性能提升。与一般制造相比，再制造需要清洗缺损零件，给出详细的修复方案，再通过逆向工程构建缺损零件的标准三维模型，最后按规划的路径完成修复，其成型过程要求更加精确可控。

此外，为提高效率，增材制造与传统切削制造结合，发展材料累加与材料去除复合制造技术也是发展的方向和关键技术。

### 2.2.2　增材制造技术的优势与发展趋势

#### 一、增材制造技术的优势

增材制造是产品创新的利器，而传统制造业生产能力过剩、产品开发能力严重不足的问题是产业发展的瓶颈。以航空维修产业为例，国内要求老旧件恢复快、无须恢复生产线；新件可维修，无须整体重新加工；材料相容性好，维修后达到新件性能要求；可实现多品种、小批量、快速制造的要求。增材制造技术可满足零部件快速制造和修复的需求，在各个领域被推广与应用，广泛渗入航空航天、燃气轮机、无人机、武器装备、生物医疗、汽车制造、文化教育等领域，将有效带动上中下全链条产业的兴起与发展，并进一步形成导入增材制造技术的战略新兴产业集群，成为经济发展新的增长点。

增材制造技术不需要传统的刀具和夹具以及多道加工工序，在一台设备上可快速精密地制造出任意复杂形状的零件，从而实现了零件“自由制造”，解决了许多复杂结构零件的成型，并大大减少了加工工序，缩短了加工周期。而且产品结构越复杂，其制造速度的优势就越显著。增材制造通过降低刀具、夹具、模具成本，减少材料、装配、研发周期等来降低企业制造成本，提高生产效益。具体体现出下列优势。

1. 成本持续下降

投入任何一种新的制造方法都需要大量的前期资本，但增材制造可以直接从3D CAD模型生产，意味着不需要其他辅助工具和模具，没有转换成本。

2. 避免材料浪费和能源浪费

3D打印的核心定义是有条不紊地添加材料，直到所需部分被制造出来。首先，铺上一层基本的材料，然后添加后续的材料，直到所需部件完成。该工艺的可加性使材料得以节约，同时还能重复利用未在制造过程中使用的废料（如粉末、树脂、金属粉末的可回收性在95%～98%之间），将用于制造的部件嵌套在一起还可以节省能源和材料成本。

3. 原型设计成本更低

由于使用了添加材料，实现快速原型设计和节省预算变得更加容易。数控加工设备的成本很高，它的减材制造增加了材料成本，而增材制造样机的成本相对较低。使用增材制造来测试迭代产品时，会节省更多的成本，只需进行必要的设计调整，打印新的零件，几乎可以立即证明新的设计是否符合要求。

4. 小规模生产运行往往更快且成本更低

与传统的大规模生产方式相比，小批量定制产品在经济上更具有吸引力。增材制造过程无需生产或装配模具，且装夹过程用时较短，因此它不需要通过大批量生产才能抵消的典型生产成本。增材制造采用非常低的生产批量（包括单件生产），就能达到经济合理的生产目的。

5. 减少库存

传统的制造业往往需要有一个仓库，里面装满了各种现成的零件，当需要用到它们时，可以随时取出。如果需要召回或最终设计出更好的产品，这些旧零件就会变成废料。

增材制造在整个产品制作过程中将零件信息保存在云端，然后按需打印。这样就不需要仓库空间、人员和成堆的废弃零件。按需生产减少了库存风险，没有未售出的成品，同时也改善了收入流。

#### 6. 更容易重新创建和优化历史数据

如果仓库没有需要的那部分零件，且生产这种零件的机器多年前就停产了，就会失去客户的信任，影响产品销售和客户忠诚度。利用增材制造技术，只要有零件数据文件，就可以在 3D 打印机中重新创建它。使用虚拟部件库存可以更快地逐步淘汰旧的物理库存，使产品的生命周期得到进一步延伸。

#### 7. 提高零件的可靠性

随着科学技术的进步，各种新材料每时每刻都在推陈出新，在重新制造那些旧的零件时，可以选择更好的新材料来重新创建一个更可靠的零件，这样就可以避免以后出现召回和返工。

#### 8. 可以将一个装配件合并为单个零件

传统的复杂零件需要很多制造步骤才能完成，还要用到很多的材料和劳动力成本。其创建和装配时间很长，同时增加了库存。增材制造可以将装配件打印成一个整体，从始至终都可以节省资金和时间。

#### 9. 支持人工智能驱动的创成式设计方法

使用人工智能驱动的创成式设计来创造产品，只需为一个零件设置条件，如尺寸、材料和制造方法。然后，该技术会给出一系列满足这些条件的设计方案。因此，设计师花在重复设计上的时间更少，增材制造很容易生成可见的形状，创成式设计引擎可以为新产品设计提供建议。

#### 10. 支持晶格结构

晶格就像蜻蜓翅膀一般，重量很轻却很结实，因此很难用传统的制造方法来制作。增材制造支持复杂和坚韧的晶格结构，并且使用的材料更少。对于单个实心件，注射成型就可以完成，但当需要晶格时，就不再适用。机械加工的方法虽然可行，但当您需要从多个角度去除材料时，成本将十分高昂。增材制造与人工智能驱动的创成式设计技术一起使用时，可以创造出低质量和材料成本的零部件。

增材制造的优势符合当前绿色制造的发展方向，有利于制造业的可持续发展，能够促进传统制造技术水平的提高，有利于培养新型产业，优化产业结构，促进产业升级。

### 二、增材制造技术的发展趋势

#### 1. 设备方面

经济、高效的设备是激光增材制造技术广泛推广和发展的基础。随着目前大功率激光器的使用以及送粉效率的不断提高，激光增材制造的加工效率已经有显著的提高，但是对于大尺寸零件的制造效率依然偏低，而且激光增材制造设备的价格偏高，因此进一步提高设备的加工效率同时降低设备的成本有着重要的意义。此外，激光增材制造设备还可以与传统加工复合，例如，德国 DMG MORI 旗下的 LASERTEC 系列，整合了激光增材制造技术与传统切削技术，不仅可以制造出传统工艺难以加工的复杂形状，还改善了激光金属增材制造过程中存在的表面粗糙问题，提高了零件的精度。

**2. 材料方面**

对于金属材料激光增材制造技术来说，金属粉末就是其原材料，金属粉末的质量会直接影响到成型零部件最终的质量。然而，目前还没有专门为激光增材制造生产的金属粉末，激光增材制造工艺所使用的金属粉末都是为等离子喷涂、真空等离子喷涂和高速氧燃料火焰喷涂等热喷涂工艺开发的，基本都是使用雾化工艺制造。这类金属粉末在生产过程中可能会形成一些空心颗粒，将这些空心颗粒的金属粉末用于激光增材制造时，会导致在零件中出现孔洞、裂纹等缺陷。

**3. 工艺方面**

虽然目前对激光增材制造的工艺展开了大量研究，但是在零件的成型过程中依然存在许多问题。在 SLM 成型过程中伴随着复杂的物理、化学、冶金等过程，容易产生球化、孔隙、裂纹等缺陷；在 LMDF 成型过程中随着高能激光束长时间周期性剧烈地加热和冷却、移动熔池在池底强约束下的快速凝固收缩及其伴生的短时非平衡循环固态相变，会在零件内部产生极大的内应力，导致零件严重变形开裂。进一步优化激光增材制造技术的工艺，克服成型过程中的缺陷，加强对激光增材制造过程中零件内应力演化规律、变形开裂行为及凝固组织形成规律及内部缺陷形成机理等关键基础问题的研究，依然是今后的重点。

我国的激光增材制造技术起步较早，已经取得了不少研究成果，但是仍然与国外存在一定的差距，应当进一步加大投入力度，加快研究进展。激光增材制造技术作为一种新兴的技术，在今后的发展中应该更注重“产、学、研”一体化发展，以市场需求为导向，制定出一系列工艺规范与标准，并逐步解决关键的工艺问题，降低成本，使激光增材制造技术早日成为我国产业转型的一个重要工具。

### 2.2.3 增材制造技术应用

增材制造技术已在工业造型、机械制造、军事、航空航天、建筑、影视、家电、轻工、医学、考古、文化艺术、雕刻、珠宝等领域都得到了广泛应用，如图 2-24 所示。

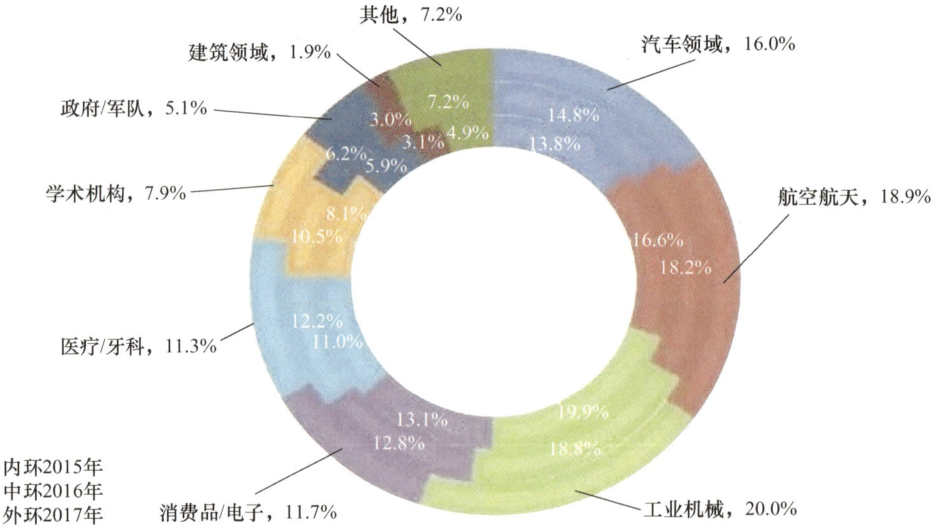


图 2-24 全球增材制造技术应用领域分布

增材制造技术革命性的“制造灵活性”和“大幅节省原材料”在制造业局部掀起一场革命，它最适合应用于多品种、小批量、结构复杂、原材料价值量高的结构制造领域。并且随着这一技术本身的发展，其应用领域将不断拓展。

1. 产品设计领域

在新产品造型设计过程中，SLS、SLA、FDM 和 SLM 技术为工业产品的设计开发人员建立了一种崭新的产品开发模式。运用 3D 打印技术能够快速、直接、精确地将设计思想转化为具有一定功能的实物模型（样件和样机），不仅缩短了开发周期，而且降低了开发费用，也使企业在激烈的市场竞争中占有先机。单车产品设计和装配样机如图 2-25 所示。

2. 建筑设计领域

建筑模型的传统制作方式渐渐无法满足高端设计项目的要求。增材制造技术可以依据风洞测试标准全数字还原不失真地展示建筑模型，目前众多设计机构的大型设施、场馆、军事沙盘地图等都利用增材制造技术先期构建精确建筑模型来进行效果展示与相关测试，增材制造技术所发挥的优势和无可比拟的逼真效果为设计师所认同，建筑设计模型如图 2-26 所示。

图 2-25 单车产品设计和装配样机

图 2-26 建筑设计模型

3. 机械制造领域

由于增材制造技术自身的特点，使其在机械制造领域内获得了广泛的应用，多用于制造单件、小批量金属零件。有些特殊复杂制件，由于只需单件生产，或少于 50 件的小批量生产，一般均可用 3D 打印技术直接进行成型，其成本低、周期短。3D 打印机械结构零件如图 2-27 所示。

4. 模具制造和修复领域

在传统的模具制造领域，往往生产时间长、成本高。将增材制造技术与传统模具制造技术相结合，可以大大缩短模具制造的开发周期，提高生产率，是解决模具设计与制造薄弱环节的有效途径。增材制造技术在模具制造方面的应用可分为直接制模和间接制模两种。直接制模是指采用增材制造技术直接堆积制造出模具；间接制模是先制出快速成型零件，再由零件复制得到所需要的模具。发动机部件局部修改模具如图 2-28 所示。

图 2-27　3D 打印机械结构零件

图 2-28　发动机部件局部修改模具

**5. 航空航天领域**

航空航天领域希望获得重量轻、强度大，甚至可以导电的部件，目前正在研究符合要求的制造材料，以及制定材料及工艺标准，确保机器和零部件质量的一致性。据美国诺斯罗普 · 格鲁门公司预测，如果有合适的材料，该公司的军用飞机系统中将有 1400 个部件可以用增材制造技术来制造。各种增材制造的金属部件将在未来数年内成为飞行器的通用配置。飞机发动机复杂薄壁零件如图 2-29 所示。

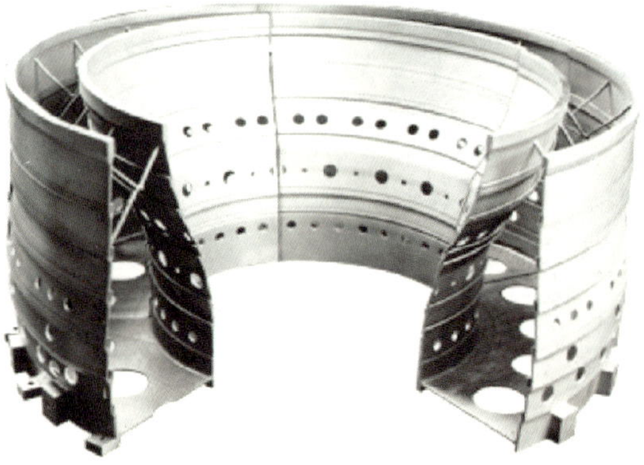

图 2-29　飞机发动机复杂薄壁零件

**6. 军事领域**

增材制造技术还可广泛应用于辅助军事技术研发。目前，美国军方已使用增材制造技术辅助制造某型导弹弹出式点火器模型，并取得了良好的效果。美国海军也在寻求通过在机器人体内植入增材制造设备，使机器人半自动化地实现“相互沟通、协作及制造”等能力。飞机和无人机模型如图 2-30 所示。

**7. 医疗生物领域**

近几年，人们对增材制造技术在医学领域的应用研究较多。以医学影像数据为基础，利用增材制造技术制作人体器官模型，已成功应用于定制植入物、假体和组织支架等，对外科手术有极大的应用价值。牙齿、骨骼等可直接应用于人体，如图 2-31 所示。

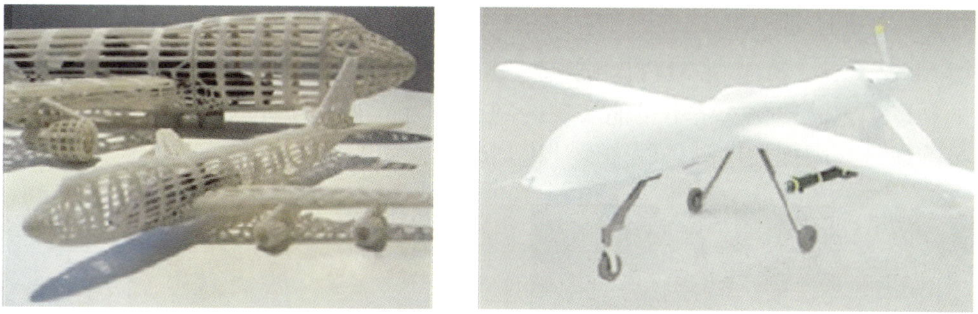

图 2-30　飞机和无人机模型

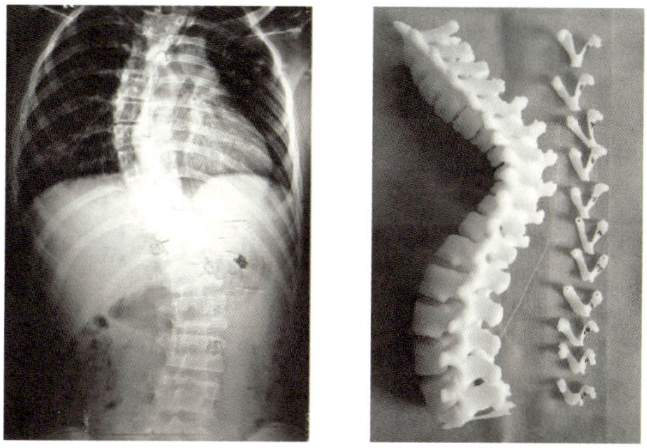

图 2-31　脊椎手术导板

**8. 家用电器领域**

增材制造技术在国内家电行业中得到了很大程度的普及与应用，使许多家电企业走在了国内前列。如广东美的、华宝、科龙，江苏春兰、小天鹅，青岛海尔等，都先后采用增材制造技术来开发新产品，收到了很好的效果。家用电器产品如图 2-32 所示。

**9. 文化艺术领域**

在文化艺术领域，增材制造技术多用于艺术创作、文物复制、数字雕塑等，如图 2-33 所示。

图 2-32　家用电器产品

图 2-33　工艺品

### 10. 服饰和玩具领域

通过 SLS、SLA、FDM 等 3D 打印成型工艺设计制造服饰、鞋、珠宝、眼镜、奢侈品等，将复杂的制造工艺简单化，将不可能实现的制造变为可能，打破以制造为基础的设计理念，设计人员的设计空间更加广阔，服饰设计得到改革，如图 2-34 所示。

图 2-34　鞋和玩具

通过增材制造技术的不断成熟和完善，它将会在越来越多的领域得到推广和应用。增材制造技术的广泛应用将改变我们的生产和生活方式。增材制造技术与多学科的融合将成为发展趋势，复合技术和复合人才将成为发展的新要求。

## 单元 3　智能检测技术

智能检测技术

智能制造是一种全新的制造模式，其核心在于实现机器智能和人类智能的协同，实现生产过程中自感知、自适应、自诊断、自决策、自修复等功能。智能制造的生产过程在于制造、产品和服务的全面交叉渗透，通过互联网、移动通信、大数据、云计算等多种技术与机器人、智能设备等实现产品、设备、人和服务的互联互通。在这个过程中，智能检测技术是进行设备联通、数据采集与交互的技术基础，也是智能制造实现过程中的关键途径。

完整的智能制造系统主要包括图 2-35 中的 5 个层级，包括设备层、控制层、车间层、企业层和协同层。智能仪器及新的智能检测技术主要集中在产品的智能化、装备的智能化、生产的智能化等方面，处在智能工厂的设备层、控制层和车间层。

在智能制造系统中，其控制层与设备层涉及大量测量仪器、数据采集等方面的需求，需要实时、有效的智能检测设备作为辅助，所以智能检测技术是智能制造系统中不可缺少的关键技术，可以为上层的车间管理、企业管理与协同层提供数据基础。智能仪器等各种智能硬件的使用，是智能生产线、智能车间、智能工厂互通互联的硬件基础。

智能仪器在通常仪器的功能基础上须具有数据采集、存储、分析、处理、控制、推理、决策、传输和管理等多项功能。智能仪器是计算机与测量控制技术结合的产物，是含有微型计算机或微型处理器的测量仪器，拥有对数据的存储运算逻辑判断及自动化操作等功能。智能仪器的出现，扩展了仪器的应用范围，也为智能制造奠定了基础。

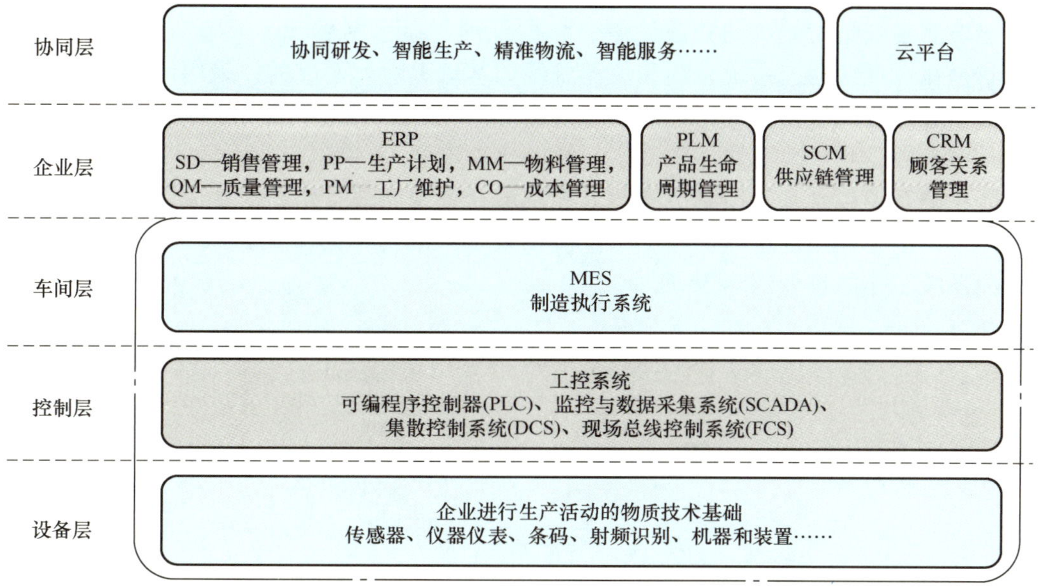


图 2-35　智能制造系统层级

### 2.3.1　智能检测技术的概念

检测和检验是制造过程中最基本的活动之一。通过检测和检验活动提供产品及其制造过程的质量信息，按照这些信息对产品的制造过程进行修正，使废次品与返修品率降至最低，保证产品质量形成过程的稳定性及产出产品的一致性。

智能检测技术是在仪器仪表的使用、研制、生产的基础上发展起来的一门综合性技术，是自动化学科的重要分支。随着工业自动化技术的迅猛发展，智能检测技术被广泛地应用在工业自动化、化工、军事、航天、通信、医疗、电子等行业各类产品的设计、生产、使用、维护等各个阶段，对提高产品性能及生产率、降低生产成本及整个生产周期成本起着重要保障作用。

#### 1. 智能检测技术定义

智能检测技术是一种尽量减少所需人工的检测技术，是依赖仪器仪表，涉及物理学、电子学等多种学科的综合性技术。它可以减少人们对检测结果有意或无意的干扰，减轻人员的工作压力，从而保证了被检测对象的可靠性。自动检测技术主要有两项职责，一方面，通过自动检测技术可以直接得出被检测对象的数值及其变化趋势等内容；另一方面，将自动检测技术直接测得的被检测对象信息纳入考虑范围，从而制定相关决策。

智能检测是以多种先进的传感器技术为基础的，且易于同计算机系统结合，在合适的软件支持下，自动地完成数据采集、处理、特征提取和识别，以及多种分析与计算，进而达到对系统性能测试和故障诊断的目的。它是检测设备模仿人类智能的结果，是将计算机技术、信息技术和人工智能等相结合而发展的检测技术。

### 2. 智能检测系统工作原理

智能检测系统是指能自动完成测量、数据处理、显示（输出）测试结果的一类系统的总称。它是在标准的测控系统总线和仪器总线的基础上组合而成的，采用计算机、微处理器作控制器，通过测试软件完成对性能数据的采集、变换、处理、显示等操作，具有高速度、多功能、多参数、测量速度快、精度高、智能化功能强等特点。

智能检测系统包含基础控制层和智能控制层。系统内部有两个信息流，一个是被测信息流，另一个是内部控制信息流。被测信息流在系统中的传输是不失真或失真在允许范围内，智能检测系统工作原理如图2-36所示。

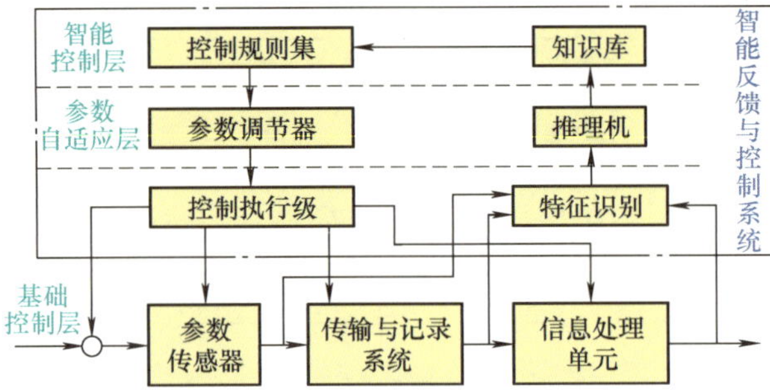


图2-36 智能检测系统工作原理

## 2.3.2 智能检测系统的结构

智能检测系统由硬件、软件两大部分组成，如图2-37所示。

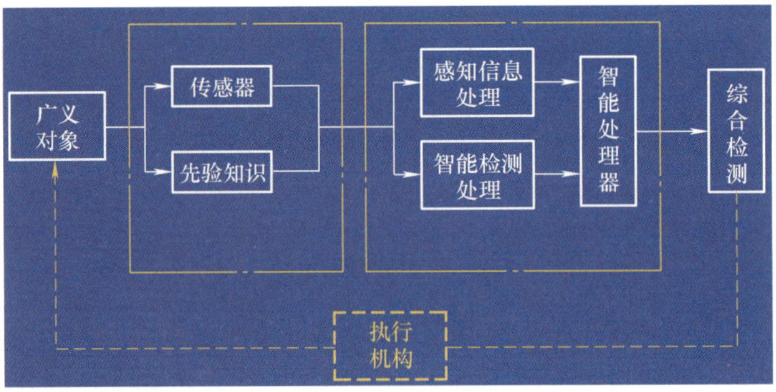


图2-37 智能检测系统的结构

### 1. 智能检测系统硬件结构

智能检测系统硬件包含控制主机和若干单片机及传感器等，是构成智能检测系统的骨架。智能检测系统的硬件结构如图2-38所示。图中不同种类的被测信号由各种传感器转换成相应的电信号，这是任何检测系统都必不可少的环节。传感器输出的电信号经调节放大，送单片机进行初步数据处理。单片机通过通信电路将数据传输到主机，实现检测系统的数据分析和测量结果的存储、显示、打印、绘图，以及与其他计算机系统的联网通信。对于输出的直流传感器信号，则不需要交流放大和整流滤波等环节。

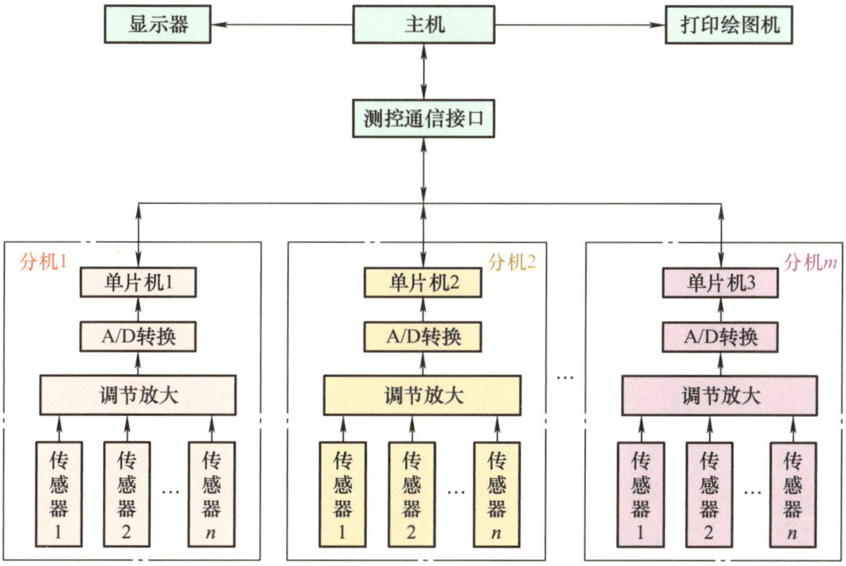


图 2-38 智能检测系统的硬件结构

典型的智能检测系统由主机（包括计算机、工控机）、分机（以单片机为核心、带有标准接口的仪器）和相应的软件组成。分机根据主机命令实现传感器测量采样、初级数据处理及数据传送，主机负责系统的工作协调，对分机输出命令，分析处理分机传送的测量数据，输出智能检测系统的测量、控制和故障检测结果，供显示、打印、绘图和通信。

2. 智能检测系统软件结构

智能检测系统软件包含系统软件，应用软件、软件包、数据库，程序设计语言，如图 2-39 所示。应用软件与被测对象直接相关，贯穿整个测试过程，由智能检测系统研究人员根据系统的功能和技术要求编写，包括测试程序、控制程序、数据处理程序、系统界面生成程序等。系统软件是计算机实现其运行的软件。软件是实现、完善和提高智能检测系统功能的重要手段，软件设计人员应充分考虑应用软件在编制、修改、调试、运行和升级方面的便利性，为智能检测系统的后续升级换代设计做好准备。近年来，发展较快的虚拟仪器技术为智能检测系统的软件化设计提供了诸多方便。

随着智能检测技术在高新领域的不断增长，网络化、集成化、智能化将成检测测试技术的发展方向。

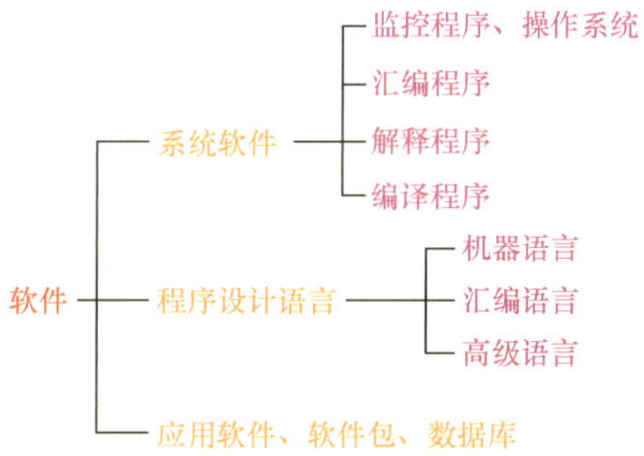


图 2-39 智能检测系统软件结构

### 2.3.3 智能检测技术应用

在现代工业自动化生产中，涉及各种检查，测量和零件的识别应用，例如，汽车零件尺寸检测、自动装配完整性检测、电子装配线自动零件定位、饮料瓶盖印刷质量检测、产品包装上的条形码和字符识别等。此类应用的共同特征是连续大批量生产以及对外观质量都有很高的要求。由于人工检测的局限性，因此需要使用智能检测技术。

**1. 工业检测方面**

随着当代企业实施的生产方式趋于柔性化，位于车间现场的生产测量室的作用日益强化，抽检的范围、频次也越来越规范。由于通过测量室、实验室产生的数据可靠性大大高于来自工序间在线检测器具测得的结果，因此对前者的分析和利用是很有价值的。图2-40是经拓展后的过程监控系统的一个实例示意图，左侧是现场质量信息的来源，左上方为一台位于曲轴线末端的进行100%测量的终检机，左下方是车间生产测量室里的一台三坐标测量机，其他来自工序间在线检测的众多单元均被略去。从图2-40可见，所有的输出信息通过数据上传软件经服务器进入数据库，而利用统计分析软件，各职能部门就可方便地按自身需求对生产过程的各个环节进行观察、监控，必要时及时做出相应处理。

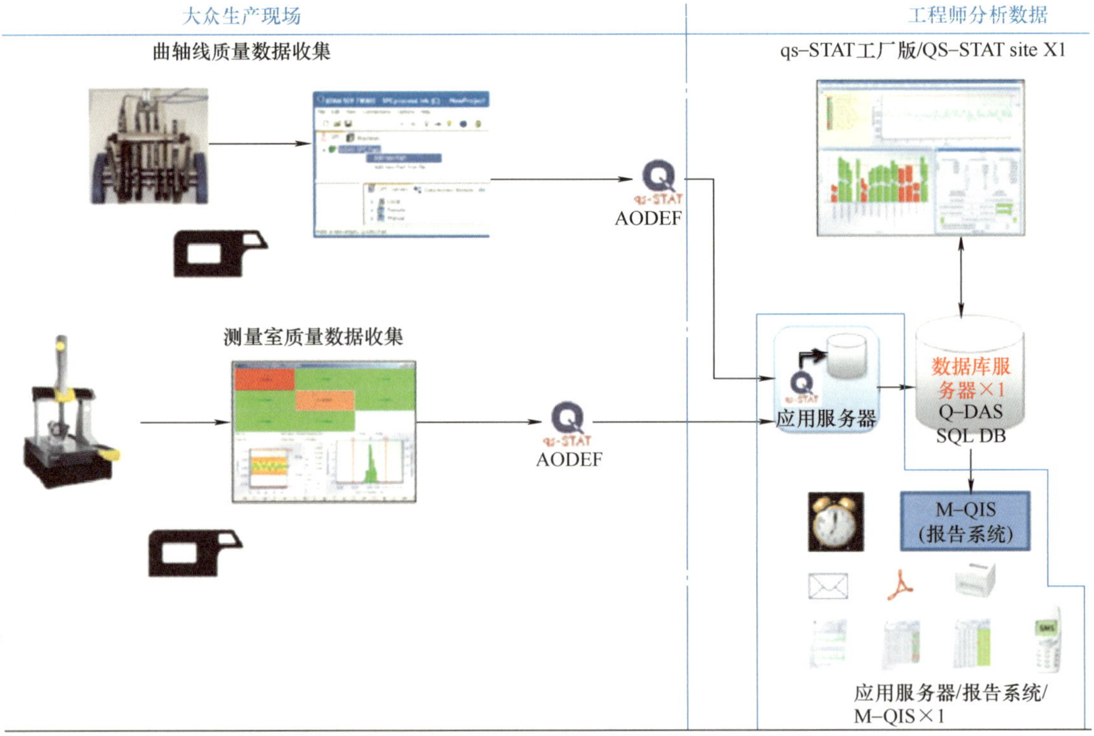


图2-40 经拓展后的过程监控系统

随着工业自动化的发展，机器视觉技术以其非接触、速度快、精度合适、现场抗干扰能力强等突出的优点得到了广泛的应用。其中，母子图像传感器、CMOS和CCD摄像机、DSP、ARM嵌入式技术、图像处理和模式识别等技术的快速发展，有力地推动了检测技术的发展。最具代表性的就是视觉检测系统。视觉检测系统采用CCD照相机将被检测的目标转换成图像信号，传送给专用的图像处理系统，根据像素分布和亮度、颜色等信息将其转换成数字信号，图像处理系统对这些信号进行各种运算来抽取目标的特征，如面积、数量、位置、长度，再根据预设的允许度和其他条件输出结果（包括尺寸、角度、个数、合格/不合格、有/无等）实现自动识别功能。机器视觉检测系统如图2-41所示。

视觉识别检测目前主要用于产品外形和表面缺陷检验，如木材加工检测、金属表面视觉检测、二极管基片检查、印制电路板缺陷检查、焊缝缺陷自动识别等。

**2. 医学上的应用**

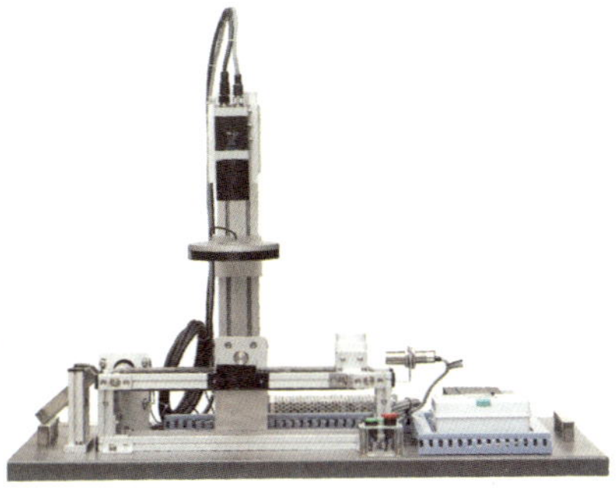

图 2-41 机器视觉检测系统

在医学领域，机器视觉主要用于医学辅助诊断。首先，采集核磁共振、超声波、激光、X 射线、γ 射线等对人体检查记录的图像，再利用数字图像处理技术、信息融合技术对这些医学图像进行分析、描述和识别，最后得出相关信息。机器视觉技术对辅助医生诊断人体病源大小、形状和异常，并进行有效治疗发挥了重要的作用。不同医学影像设备得到的是不同特性的生物组织图像，如 X 射线反映的是骨骼组织，核磁共振影像反映的是有机组织图像，而医生往往需要考虑骨骼有机组织的关系，因而需要利用数字图像处理技术将两种图像适当地叠加起来，以便于医学分析。

**3. 交通领域中的应用**

在轨道交通装备的试验、运行过程中，需要对其数据进行实时记录与分析，为车辆状态评估与分析提供基础。机车故障跟踪记录仪可对运行机车中的电压等被测信号进行实时跟踪记录，及时发现故障并记录故障发生情况的详细数据，能够记录机车运行全生命周期的数据，便于后期进行详细分析，排查故障原因，如图 2-42 所示。

图 2-42 机车故障检测

**4. 桥梁检测领域中的应用**

人工检测法和桥检车法都是依靠人工用肉眼对桥梁表面进行检测，其速度慢，效率低，漏检率高，实时性差，影响交通，存在安全隐患，很难大幅应用；无损检测包括激光检测、超声波检测及声发射检测等多种检测技术，其仪器昂贵，测量范围小，不能满足日益发展的桥梁检测要求；智能化检测有基于导电性材料的混凝土裂缝分布式自动检测系统和智能混凝土技术，也有最前沿的基于机器视觉的检测方法。基于导电性材料的检测技术虽然使用方便、设备简单、成本低廉，但是均需要事先在混凝土结构上涂刷或者埋设导电性材料进行检测，而且应用智能混凝土技术还无法确定裂缝位置、裂缝宽度等一系列问题，距实用化还有较长的距离；而基于机器视觉的检测方法是利用 CCD 相机获取桥梁外观图片，然后运用计算机处理后自动识别出裂缝图像，并从背景中分离出来后进行裂缝参数计算的方法，它具有便捷、直观、精确、非接触、再现性好、适应性强、灵活性高、成本低廉的优点，能解放劳动力，排除人为干扰，具有很好的应用前景。

# 单元 4　物联网技术

物联网技术

## 2.4.1　物联网技术的定义

物联网（Internet of Things，IoT）最初被定义为把所有物品通过射频识别（Radio Frequency Identification，RFID）和条码等信息传感设备与互联网连接起来，实现智能化识别和管理功能的网络。这个概念最早于 1999 年由麻省理工学院 Auto - ID 研究中心提出，实质上为 RFID 技术和互联网的结合应用。RFID 标签可谓是早期物联网最为关键的技术与产品环节，当时人们认为物联网最大规模、最有前景的应用就是在零售和物流领域，利用 RFID 技术，通过计算机互联网实现物品或商品的自动识别和信息的互联与共享。

2005 年，国际电信联盟（ITU）在“The Internet of Things”报告中对物联网概念进行扩展，提出任何时刻、任何地点、任何物体之间的互联，无所不在的网络和无所不在计算的发展愿景，除 RFID 技术外，传感器技术、纳米技术、智能终端等技术将得到更加广泛的应用。

目前较为公认的物联网定义是指通过射频识别装置、红外感应器、全球定位系统（GPS）、激光扫描仪等信息传感设备，按照约定的协议连接物、人、系统和信息资源，实现对物理和虚拟世界的信息进行处理，实现智能化识别、定位、跟踪、监控和管理的智能网络服务系统。物联网是一个基于互联网、传统电信网等的信息承载体，它让所有能够被独立寻址的普通物理对象形成互联互通的网络。

具体地说，就是把传感器嵌入和装备到电网、铁路、桥梁、隧道、公路、建筑、供水系统、大坝、油气管道等各种物体中，然后将“物联网”与现有的互联网整合起来，实现人类社会与物理系统的整合。它是一种“万物沟通”的，具有全面感知、可靠传送、智能处理特征、连接物理世界的网络，可实现任何时间、任何地点及任何物体的连接，使人类能以更加精细和动态的方式管理生产和生活，达到“智慧”状态，提高资源利用率和生产率水平，改善人和自然界的关系，从而提高整个社会的信息化能力。

物联网作为一种“物物相连的互联网”，无疑消除了人与物之间的隔阂，使人与物、物与物之间的对话得以实现，由于整个物联网的概念涵盖了从终端到网络、从数据采集处理到智能控制、从应用到服务、从人到物等方方面面，涉及射频识别装置、无线传感器网络、红外传感器、全球定位系统、互联网与移动网络、网络服务、行业应用软件等众多技术，引领整个科学技术的持续发展。物联网被称为继计算机、互联网之后世界信息产业发展的第三次浪潮。

## 2.4.2 物联网技术的体系架构与关键技术

### 一、物联网技术的体系架构

物联网是新型信息系统的代名词，它是三方面的组合：一是“物”，即由传感器、射频识别器等各种执行机构实现数字信息空间与实际事物关联；二是“网”，即利用互联网将这些物和整个数字信息空间进行互联，以方便广泛地应用；三是“用”，即以采集和互联为基础，深入、广泛、自动地采集大量信息，以实现更高智慧的应用和服务。物联网体系架构主要由三个层次组成：感知层、网络层和应用层，如图 2-43 所示。

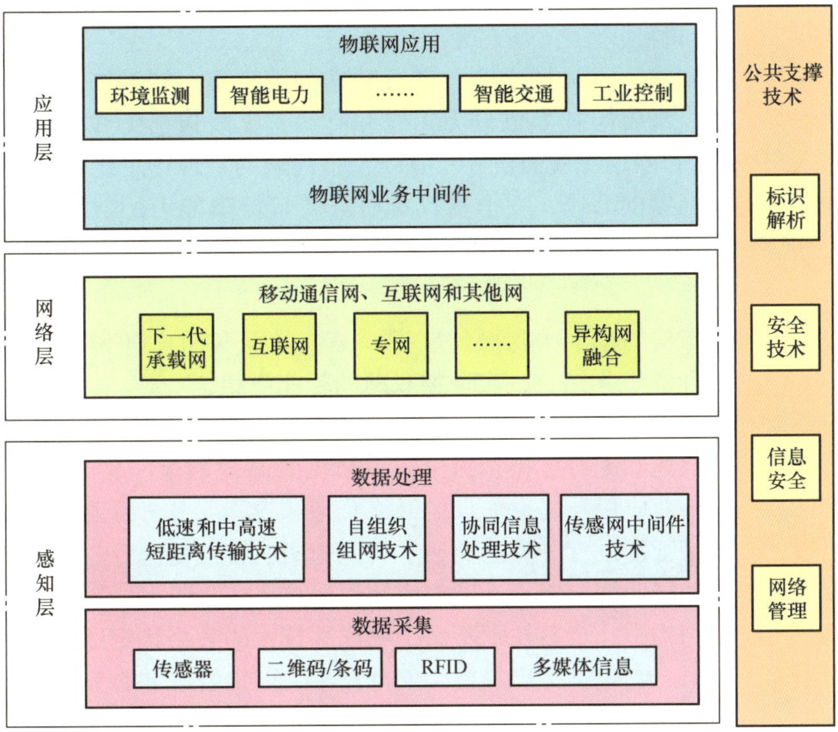


图 2-43 物联网技术的体系架构

#### 1. 感知层

物联网感知层是物联网的底层，它是实现物联网全面感知的核心，主要解决生物界和物理界的数据获取和连接问题。物联网是各种感知技术的广泛应用，物联网上有大量的不同类型的传感器，不同类型的传感器所捕获的信息内容和信息格式不同，所以，每一个传感器都是唯一的信息源。传感器获得的数据具有实时性，按一定的频率周期性地采集环境信息，不断更新数据。物联网运用的射频识别器、全球定位系统、红外感应器等传感设备就像人类的五官，可以识别和获取各类事物的数据信息。通过这些传感设备能让任何没有生命的物体拟人化，让物体可以有“感受和知觉”，从而实现对物体的智能化控制。

### 2. 网络层

物联网网络层主要解决感知层长距离传输数据的问题，是物联网的中间层，是物联网三大层次中标准化程度最高、产业化能力最强、最成熟的部分。它由各种私有网络、互联网、局域网、有线通信网、无线通信网、网络管理系统和云计算平台组成，相当于人类的神经中枢和大脑，负责传递和处理感知层获取的信息。网络层又称为传输层，包括接入层、汇聚层和核心交换层。

接入层相当于计算机网络的物理层和数据链路层，RFID标签、传感器与接入层设备构成了物联网感知网络的基本单元。接入层网络技术分为无线接入和有线接入，无线接入有无线局域网、移动通信中M2M通信；有线接入有现场总线、电力线接入、电视电缆和电话线。

汇聚层位于接入层和核心交换层之间，进行数据分组汇聚、转发和交换；进行本地路由、过滤、流量均衡等。汇聚层技术也分为无线和有线，无线包括无线局域网、无线城域网、移动通信M2M通信和专用无线通信等；有线包括局域网、现场总线等。

核心交换层为物联网提供高速、安全和具有服务质量保障能力的数据传输。可以为IP网、非IP网、虚拟专网或它们之间的组合。

### 3. 应用层

物联网应用层提供丰富的基于物联网的应用，是物联网和用户（包括人、组织和其他系统）的接口。它与行业需求相结合，实现物联网的智能应用。

物联网应用层分为管理服务层和行业应用层。管理服务层通过中间件软件实现感知硬件和应用软件之间的物理隔离和无缝连接，提供海量数据的高效汇聚、存储，通过数据挖掘、智能数据处理计算等为行业应用层提供安全的网络管理和智能服务。行业应用层为不同行业提供物联网服务，可以是智能医疗、智能交通、智能家居、智能物流等。行业应用层主要由应用层协议组成，不同的行业需要制定不同的应用层协议。

在物联网整个体系结构中，公共技术不属于物联网技术的某个特定层面，而是与物联网技术架构的三层都有关系，它包括标识解析、安全技术、网络管理和服务质量管理。

## 二、物联网的关键技术

### 1. 射频识别技术

射频识别（RFID）技术是一种简单的无线系统，由一个阅读器（或询问器）和很多标签（或应答器）组成。标签由耦合元件及芯片组成，每个标签都具有扩展词条唯一的电子编码，附着在物体上标识目标对象，通过天线将射频信息传递给阅读器，阅读器就是读取信息的设备。RFID技术让物品能够“开口说话”，这就赋予了物联网一个特性，即可跟踪性，即人们可以随时掌握物品的准确位置及其周边环境。

基于RFID技术的电子数据芯片系统，作为一种非接触式自动识别装置，主要由数据芯片、读写装置及控制软件组成。电子数据芯片通常以螺纹紧固的方式安装在被加工的工件上，如图2-44所示，当电子数据芯片进入工作磁场后，便能接收到读写装置发出的射频信号，凭借感应电流所获得的能量发送存储在芯片中的信息。同样，由读写装置发出的射频信号中带有载波，能够将信息写入数据芯片。读写装置有手持式和固定式之分，后者一般安装在基体上并与机床的数控系统相连，在被加工零件的进出口处分别实现读写功能。控制软件的功能是将数据芯片、读写装置、机床设备及服务器等连接成一个系统，实现生产过程的数据读写、传输、控制和统计分析等功能。

图 2-44 工件在上料时安装电子数据芯片

### 2. 传感器

传感器和执行器是物联网系统的重要组成部分。智能传感器构成物联网系统的感知层，是完成物联网系统数据采集最直接的系统单元。一个独立工作的物联网终端一般由传感器、数据处理单元（处理器加存储器）、电源管理单元和无线通信单元组成。在这样的终端中，由传感器采集的数据通过数据处理单元的处理，由无线通信系统传递到云端，实现与整个网络的连接。物联网应用对传感器的要求包括器件微型化、功能集成化、低成本和海量制造，其中低成本和海量制造直接关联。由硅基集成电路制造技术衍生出的 MEMS（Micro Electro Mechanical Systems）技术能够满足上述要求，已成为物联网时代微型传感器技术的主流。

MEMS 即微机电系统，是由微传感器、微执行器、信号处理和控制电路、通信接口和电源等部件组成的一体化的微型器件系统。MEMS 基于光刻、腐蚀等传统半导体技术，融入超精密机械加工，并结合力学、化学、光学等学科知识和技术基础，使得一个毫米或微米级的 MEMS 具备精确而完整的机械、化学、光学等特性结构。

MEMS 的目标是把信息的获取、处理和执行集成在一起，组成具有多功能的微型系统，集成于大尺寸系统中，从而大幅度提高系统的自动化、智能化和可靠性水平。MEMS 传感器发展经历了以下三个阶段。

第一阶段（20 世纪 80 年代末至 20 世纪 90 年代）：汽车电子应用（如安全气囊、制动压力、轮胎压力监测系统等）需求增长，巨大的利润空间驱动欧洲、日本和美国的企业大量研发生产 MEMS 传感器产品。

第二阶段（2007 年以后）：消费电子产品（如手机、移动互联网设备等）要求体积更小且功耗更低的 MEMS 传感器产品。

第三阶段（物联网的出现）：物联网产业的快速发展，为 MEMS 行业带来巨大的发展红利。除了智能手机，MEMS 传感器将会在 AR/VR、可穿戴等消费电子产品领域，智能驾驶、智能工厂、智慧物流、智能家居、环境监测、智慧医疗等物联网领域广泛应用。MEMS 是当前移动终端创新的方向，通过对 MEMS 传感器产品持续改进，最终满足更小体积、更低能耗、更高性能的需求，才能更加适用于各种物联网场合。

### 3. M2M 系统框架

M2M（Machine to Machine）是一种以机器终端智能交互为核心、网络化的应用与服务，是将数据从一台终端传送到另一台终端，也就是机器与机器的对话。它将使对象实现智能化控制。M2M 技术涉及五个重要的技术部分：智能化机器、M2M 硬件、通信网络、中间件、应用。M2M 应用系统构成有智能化机器、M2M 硬件、通信网络、中间件。M2M 应用于家庭应用领域、工业应用领域、零售和支付领域、物流运输行业、医疗行业。M2M 是物联网现阶段最普遍的应用形式。M2M 主要强调了机器与机器，或机器对人的单一通信，是在一个相对封闭的环境下完成的。M2M 只是物联网的一部分，是物联网的子集，M2M 是物联网的基础。

4. 云计算

云计算（Cloud Computing）是分布式计算的一种，指的是通过网络“云”将巨大的数据计算处理程序分解成无数个小程序，然后通过多部服务器组成的系统处理和分析这些小程序，得到结果并返回给用户。早期云计算就是简单的分布式计算，解决任务分发，并进行计算结果的合并，因此，云计算又称为网格计算。通过这项技术，可以在很短的时间内（几秒钟）完成对数以万计的数据的处理，从而达到强大的网络服务。

云计算旨在通过网络把多个成本相对较低的计算实体整合成一个具有强大计算能力的完美系统，并借助先进的商业模式让终端用户可以得到这些强大计算能力的服务。云计算的核心理念就是通过不断提高“云”的处理能力，不断减少用户终端的处理负担，最终使其简化成一个单纯的输入/输出设备，并能按需享受“云”强大的计算处理能力。物联网感知层获取大量数据信息，在经过网络层传输以后，放到一个标准平台上，再利用高性能的云计算对其进行处理，赋予这些数据智能，才能最终转换成对终端用户有用的信息。

云计算为众多用户提供了一种新的高效计算模式，兼有互联网服务的便利、廉价和大型机的能力。将资源集中于互联网上的数据中心，由这种云中心提供应用层、平台层和基础设施层的集中服务，以解决传统 IT 系统零散性带来的低效率问题。云计算是信息化发展进程中的一个阶段，强调信息资源的聚集、优化、动态分配和回收，旨在节约信息化成本，降低能耗，减轻用户信息化的负担，提高数据中心的效率。

云计算的初衷是解决特定大规模数据处理问题，因此它被业界认为是支撑物联网“后端”的最佳选择，云计算为物联网提供后端处理能力与应用平台。它为物联网发展带来一种新型计算和服务模式，通过分布式计算和虚拟化技术建设数据中心或超级计算机，以租赁或免费的方式向技术开发者或企业客户提供数据存储、分析以及科学计算等服务。物联网“后端”建设应从互联和行业云做起。在研究全面和理想化战略体系的同时，应充分利用良好的前期基础，重视价值牵引作用，在特定领域的典型应用和行业云上有所突破。

### 2.4.3 物联网技术在生产制造领域的应用

物联网用途广泛，遍及智能交通、环境保护、政府工作、公共安全、平安家居、智能消防、工业监测、健康护理与监测等社会活动的各个领域。物联网具有的“物物互联”特征使其终端节点规模可能达到兆亿级。以物联网、云计算、智慧地球等为代表的新一代信息技术应用蓬勃发展，推动着以绿色、智能和可持续发展为特征的新一轮科技革命和产业革命的来临，也给传统的机械制造行业带来了新的机遇与挑战。

由于经济效益和社会效益明显，物联网在智能工厂中具有广泛的应用前景。基于物联网技术的智能工厂至少可以实现以下五大功能，即电子工单、生产过程透明化、生产过程可控化、产能精确统计、车间电子看板。通过这些功能，不仅可以实现制造过程中资讯的视觉化，也会对生产管理和决策产生影响。

从国际上看，以物联网集成制造系统为主导方向的制造业目前已经进入了集成化、网络化、敏捷化、虚拟化、智能化和绿色化，国内传统的机械制造行业亟须将物联网应用技术应用于机械制造行业的产品开发与设计、制造、检测、管理及售后服务的制造全过程。目前，国内已有部分大型机械制造企业在其生产制造、产品销售以及售后服务上应用物联网技术，并取得了较好的成效。

### 1. 物联网技术在生产制造环节的应用

目前，物联网技术在国内制造业尚未大规模开展应用，其典型应用主要集中在自动化程度高、产品生产批量较大的制造行业，如汽车制造行业，通过在汽车零件的制造环节、汽车涂装工艺环节及装配环节的应用，实现汽车零件的快速生产制造及柔性自动化生产、正确装配，从而提高汽车制造生产的自动化水平、生产能力和生产效率，减少人力的投入，为企业节约更多的成本，如某汽车公司为实现在同一条生产线上生产四种不同平台的车型，利用射频识别技术给每个零件配置不同的条码，如图 2-45 和图 2-46 所示，并给不同阶段形成的子系统、子模块也配置了不同的条码，从而识别这些零件处于什么位置、生产进行到哪个环节，通过生产内部自动车辆识别（AVI）系统的自动识别跟踪，将其信息反馈至工厂信息系统。同时，自动车辆识别系统从工厂信息系统请求生产数据，规划下一阶段的生产任务，保证生产过程的准确性，提高生产率。

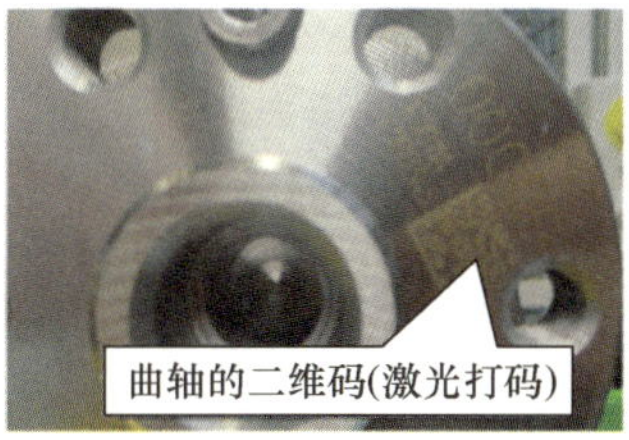


图 2-45　曲轴的二维码

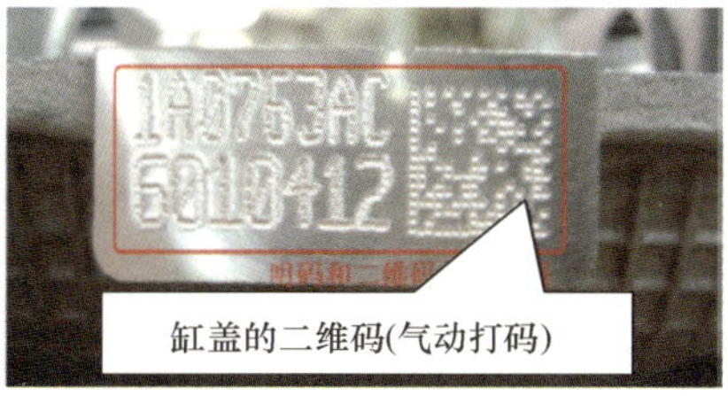


图 2-46　缸盖的二维码

物联网技术应用于生产线过程检测、实时参数采集、生产设备与产品监控管理、材料消耗监测等环节，可以大幅度提高生产智能化水平。例如，在汽车行业，利用物联网技术，企业可以在生产过程中实时监控产品的尺寸精度、装配精度、振动频率等参数，以提高产品质量，优化生产流程，如图 2-47 所示。

### 2. 物联网技术在制造行业产品售后环节的应用

目前，我国某些大型机械设备出厂后，由于其应用环境及距离等原因造成售后服务跟不上。为此，如何获取产品生产运营过程中的数据显得极为重要。以某机械厂为例，所有出厂的产品上均安装有 RFID 芯片，该芯片与机械产品的控制系统相连接，两者之间可以互通，RFID 芯片可以定位机器、自我检查设备当前工作状况，如温度、转速、油表等。利用 RFID 芯片搜集产品信息，技术人员只需坐在办公室便可实时监控售出的每台设备的运作、健康状况等，在设备发生故障之前就能事先进行监控，甚至很清楚地知道是哪个零部件发生了损坏，并且可以第一时间以短信通知用户，从而提高了用户满意度。

物联网的发展对机械制造行业来说，是机遇也是挑战，变则通，通则强，传统机械制造企业唯有顺应物联网技术发展的大趋势，不断创新企业的生产模式、营销模式和服务模式，才能在激烈的市场竞争中立于不败之地。

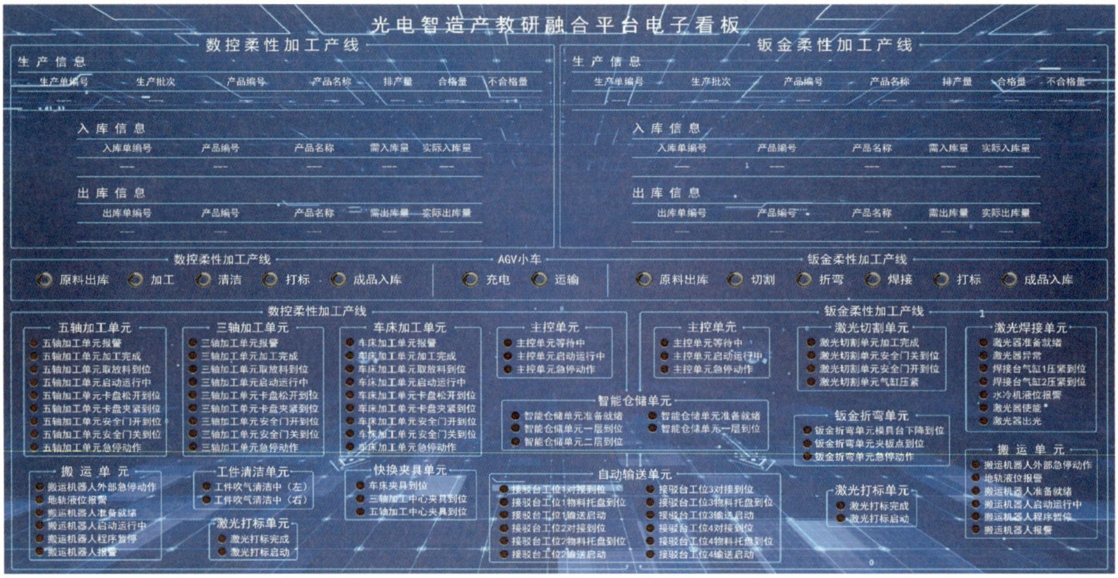


图2-47 生产线的实时数据监控

## 单元5 高档数控机床技术

高档数控机床技术

机床是指用来制造机器的机器，又被称为“工作母机”或“工具机”。在15世纪就已出现了早期的机床，1774年，英国实业家威尔金森发明的一种炮筒镗床，被认为是世界上第一台真正意义上的机床，如图2-48所示。这台镗床最开始的发明动机是为了解决当时军事上制造高精度大炮炮筒的实际问题，该镗床后来被用于蒸汽机气缸的加工，极大地提升了蒸汽机气缸的加工质量和生产率，解决了瓦特蒸汽机的气缸加工精度问题。

至18世纪，各种类型机床相继出现并快速发展，如螺纹车床、龙门式机床、卧式铣床、滚齿机等，为工业革命和建立现代工业奠定了制造工具的基础。1952年，世界上第一台数字控制（Numerical Control，NC）机床在美国麻省理工学院问世，标志着机床数控时代的开始，如图2-49所示。

数控机床是一种装有数字控制系统（简称“数控系统”）的机床。数控系统包括数控装置和伺服装置两大部分，当前数控装置主要采用电子数字计算机实现，又称为计算机数控（Computer Numerical Control，CNC）装置。数控机床可按加工工艺、运动方式、伺服控制方式、机床性能等进行分类。近年来，由于复杂产品（如飞机、汽车、航空发动机等）中新型材料的应用日益增加，数控机床可加工零件的材料不再限于金属材料，已扩展到复合材料、陶瓷材料等非金属材料，而且加工工艺也包括了特种加工（non - traditional machining）方法。此外，从功能和性能角度又可将数控机床分为经济型、中档（或普及型）和高档三类。目前全球高档数控系统中排名靠前的主要有日本FANUC（发那科）数控系统、德国

SINUMERIK（西门子）数控系统、德国 Heidenhain（海德汉）数控系统以及美国 HAAS（哈斯）数控系统等。

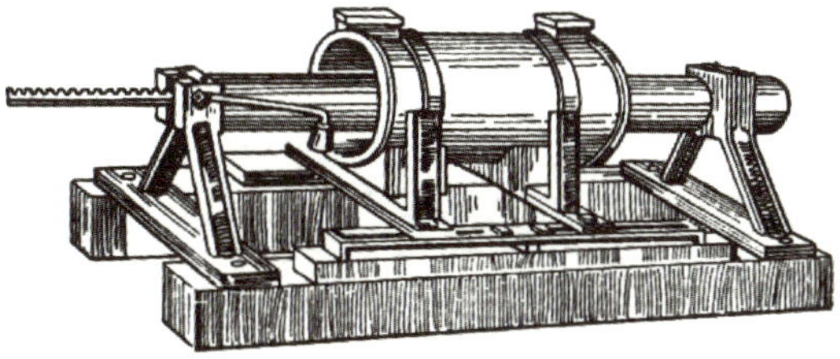
图 2-48 炮筒镗床示意图

图 2-49 第一台数控机床（铣床）

高档数控机床与我国工业机器人的发展密切相关，它是具有高速、精密、智能、复合、多轴联动、网络通信等功能的数控机床。高档数控机床是数控机床产业技术水平和装备制造业竞争能力的典型代表，是先进制造技术、信息技术和智能技术的集成与深度融合的产物，也是装备制造业走向高端领域的关键加工设备，是衡量一个国家机床产业发展水平和产品质量的重要标志。国际上把五轴联动数控机床等高档机床技术作为一个国家工业化先进程度的重要标志。

机床作为“工作母机”，全程伴随了工业化的发展。18 世纪的工业革命后，机床随着不同的工业时代发展而进化，并呈现出各个时代的技术特点。对应于工业 1.0 ~ 工业 4.0 时代，机床从机械驱动/手动操作（机床 1.0）、电力驱动/数字控制（机床 2.0）发展到计算机/数字控制（机床 3.0），并正在向赛博物理机床/云解决方案（机床 4.0）演化发展，如图 2-50 所示。

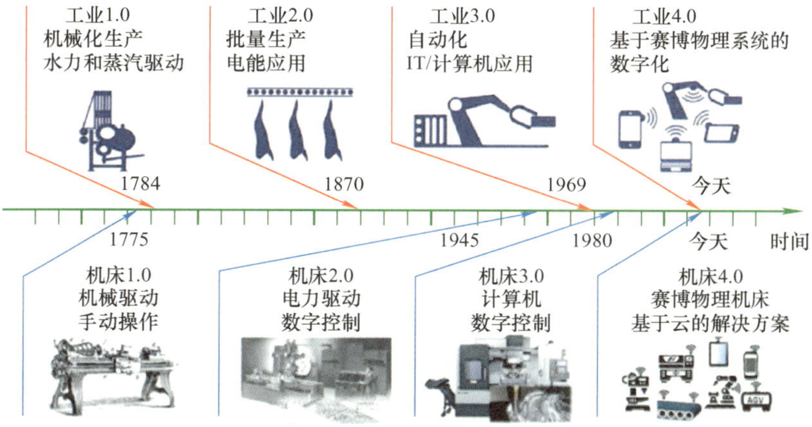

图 2-50 工业化与机床进化史

### 2.5.1 数控机床的基本特点

国际信息处理联盟（International Federation of Information Processing，IFIP）第五技术委员会对数控机床的定义：数控机床是装有程序控制系统的机床。该控制系统能逻辑地处理具有控制编码或其他符号指令的程序，并将其译码，用代码化的数字表示，通过信息载体输入数控系统。经过运算处理由数控装置发出各种控制信号，控制机床的动作，按要求自动将零件加工出来。数控机床加工原理框图如图2-51所示。

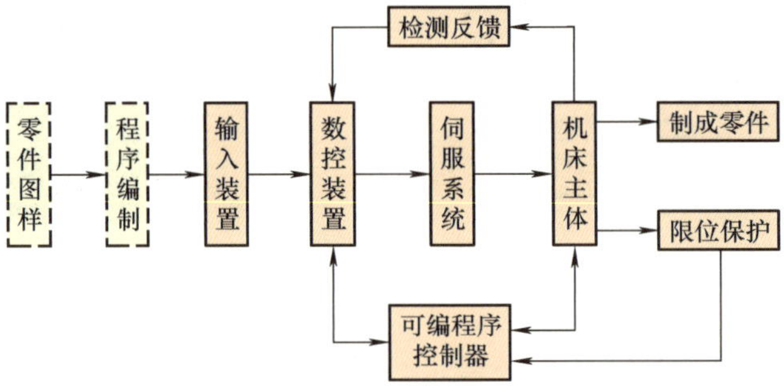


图2-51　数控机床加工原理框图

数控机床的加工原理：将刀具与工件的运动坐标分割成一些最小的单位量，即最小位移量，由数控系统按照零件程序的要求使坐标移动若干个最小位移量（即控制刀具运动轨迹），从而实现刀具与工件的相对运动，完成对零件的加工。数控机床与传统机床相比，具有以下特点。

**1. 具有高度柔性**

在数控机床上加工零件主要取决于加工程序，它与普通机床不同，不必更换许多专用夹具，不需要经常重新调整机床。因此，数控机床适用于所加工的零件频繁变化的场合，即适合单件、小批量产品的生产及新产品的开发，从而缩短了生产准备周期，节省了大量工艺装备的费用。

**2. 加工精度高**

数控机床的加工精度一般可达0.001～0.02mm。数控机床是按数字信号形式控制的，数控装置每输出一个脉冲信号，机床移动部件移动一个脉冲当量（一般为0.001mm），而且机床进给传动链的反向间隙与丝杠螺距平均误差可由数控装置进行补偿，因此，数控机床的定位精度比较高。

**3. 加工质量稳定、可靠**

加工同一批零件时，在同一机床、相同的加工条件下，使用的刀具和加工程序相同，刀具的运行轨迹完全相同，零件的一致性好，质量稳定。

**4. 生产率高**

数控机床可有效地减少零件的加工时间和辅助时间，其主轴转速和进给量的范围大，允许机床进行大切削量的强力切削。数控机床正进入高速加工时代，其移动部件的快速移动和定位及高速切削加工，极大地提高了生产率。另外，与加工中心的刀库配合使用，可实现在一台机床上进行多道工序的连续加工，减少了半成品的工序间周转时间，提高了生产率。

5. 改善劳动条件

数控机床加工前需调整好后，输入程序并启动，机床就能自动连续地进行加工，直至加工结束。操作者要做的只是程序的输入、编辑、零件装卸、刀具准备、加工状态的观测、零件的检验等工作，既清洁，又安全，劳动强度大大降低，机床操作者的劳动趋于智力型工作。

6. 利用生产管理现代化

利用数控机床加工，可预先精确估计加工时间，对所使用的刀具、夹具可进行规范化、现代化管理，易于实现加工信息的标准化，可与计算机辅助设计与制造（CAD/CAM）有机地结合起来，是现代化集成制造技术的基础。

### 2.5.2 数控机床的发展历程

1. 数控机床的发展历程及重要转折点

世界上第一台数控机床诞生于 1952 年。当时美国帕森斯公司接受委托研制飞机螺旋桨叶片轮廓样板的加工设备。这种样板形状复杂多样，精度要求高，一般加工设备难以适应。在美国麻省理工学院伺服研究室的协助下，帕森斯公司于 1952 年试制成功第一台三坐标数控铣床，并于 1957 年正式投产。这一举动是制造过程中的一个重大突破，标志着制造领域数控加工时代的到来。1958 年美国又研制出加工中心，20 世纪 70 年代初研制成功 FMS 柔性制造系统，1987 年首创开放式数控系统等。

由于数控机床和数控技术在诞生伊始就具有的几大特点：数字控制思想和方法、“软（件）硬（件）”相结合、“机（械）电（子）控（制）信（息）”多学科交叉，因而数控机床和数控技术的重大进步一直与电子技术和信息技术的发展直接关联。数控机床的发展历程及重要转折点如图 2-52 所示。

最早的数控装置采用电子真空管构成计算单元，20 世纪 40 年代末，晶体管被发明，20 世纪 50 年代末推出集成电路，20 世纪 60 年代初期出现了采用集成电路和大规模集成电路的电子数字计算机，计算机在运算处理能力、小型化和可靠性方面的突破性进展，为数控机床技术发展带来第一个转折点——由基于分立元件的数字控制（NC）走向了计算机数字控制（CNC），数控机床也开始进入实际工业生产应用。20 世纪 80 年代，IBM 公司推出采用 16 位微处理器的个人微型计算机，给数控机床技术带来了第二个转折点——由过去专用厂商开发数控装置（包括硬件和软件）走向采用通用的 PC 化计算机数控，同时开放式结构的 CNC 系统应运而生，推动数控技术向更高层次的数字化、网络化发展，高速机床、虚拟轴机床、复合加工机床等新技术快速迭代并应用。21 世纪以来，智能化数控技术逐步发展起来，随着新一代信息技术和新一代人工智能技术的发展，智能传感、物联网、大数据、数字孪生、赛博物理系统、云计算和人工智能等新技术与数控技术深度结合，数控技术将迎来一个新的拐点，甚至可能是新跨越——走向赛博物理融合的新一代智能数控。

2. 我国数控机床的发展历程

中华人民共和国成立前，中国机床工业处于萌芽阶段。19 世纪洋务运动期间，开始将

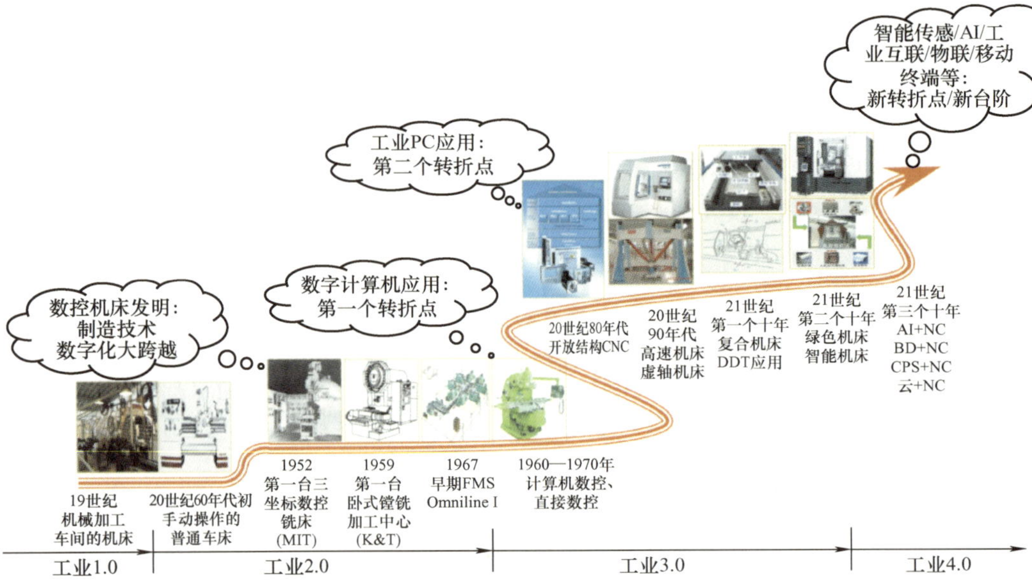


图 2-52 数控机床的发展历程及重要转折点

西方现代机床引入中国。随后，江南机器制造总局自制出一批机床。到 20 世纪上半叶陆续建立了重庆机床厂、长沙机床厂、中央机器厂等一批机床厂。20 世纪 40 年代，东北、上海、江浙等地又建立了一批机床制造企业，后来成长为沈阳三机、上海机床、济南一机、南京机床、无锡机床等国内知名的机床厂。

从中华人民共和国成立到改革开放前，中国机床工业发展可分为奠基阶段和大规模建设阶段两个阶段。

1949 年后，中国机床工业开始进入快速发展时期。“一五”时期（1953—1957 年），在苏联专家的指导下，第一机械工业部按专业分工规划布局了一批骨干机床企业，还建立了以北京金属切削机床研究所（北京机床研究所的前身）为代表的被称为“七所一院”的一批机床工具研究机构。到 1957 年，一机部直属企业在机床、工具、磨料磨具和机床附件方面的产品产量都占全国的 90% 以上。相关产品产量的国内自给率达到 80% 左右。机床工具工业成为一个独立的工业部门，为后续发展奠定了基础，这一时期是中国机床工业的奠基阶段。

1958—1978 年，中国机床工业进入大规模建设阶段。20 世纪 60 年代初期开展了高精度精密机床战役，通过攻关累计掌握了 5 类 26 种高精度精密机床技术，机床精度、质量和工艺水平普遍提高。20 世纪 60 年代中期开始的“三线建设”中，在川、黔、陕、甘、宁、青、豫西、鄂西等地区，由老厂老所迁建、包建了 33 个机床工具企业，改善了行业的地区布局，其中，为中国第二汽车制造厂提供成套设备成为集机床工具行业技术能力和展示其发展水平的又一次全行业性大“战役”，大大提升了行业技术水平和能力。与此同时，国家大力支持发展大型、重型和超重型机床，以满足国民经济建设之需。

我国数控机床发展起步很早，经过了 1949 年前的萌芽阶段后，在“一五”期间奠基并快速发展。1958 年，第一台国产数控机床研制成功，由此开始了数控机床的发展历程，这个历程可以划分为初始发展阶段、持续攻关和产业化发展阶段、高速发展和转型升级阶段。

初始发展阶段是相对封闭的技术研发期。我国机床工业尚处在奠基发展的时期，美国于1952 年研制出了世界上第一台三轴联动数控铣床，机床开始向数控化发展。1958 年，北京第一机床厂与清华大学合作研发出了中国第一台数控机床——X53K1 三坐标数控铣床。这台数控机床的诞生，填补了中国在数控机床领域的空白，如图 2-53 所示。

到 1972 年，我国能提供数控线切割机、非圆插齿机和劈锥铣等少数品种的数控机床产品。从第一台国产数控机床研制成功到 20 世纪 70 年代中期，我国的数控机床处于初期技术研究探索阶段，只进行了少量产品试制工作，尚未全面开展数控机床关键技术攻关研究和工业化开发生产。20 世纪 70 年代中后期，全面启动了数控机床研制生产工作，1975 年，齐齐哈尔第二机床厂完成了国产第一台数控龙门式铣床的研制。由于受到当时国内外形势限制，缺乏与先进工业国家的技术交流，因此数控机床技术的研究开发基本上处于封闭的状态。

图 2-53　中国第一台数控机床 X53K1

中国数控机床最早的研制工作几乎是与世界同步的，虽然起步较早，但初期数控机床技术研究和产业发展缓慢。美、日和欧洲先进工业国家在 20 世纪 70 年代末和 80 年代初就已实现了机床产品的数控化升级换代，我国的机床数控化进程到 20 世纪 70 年代末才刚刚开始，并且历经多重困难，直到 30 多年后，机床工业的产品数控化升级换代才得以全面实现。

1978 年后，随着国家的改革开放，我国数控机床进入一个新的发展时期，初步建立产业体系并推进产业化。20 世纪 80 年代初，通过引进数控系统、机床主机技术，并与国外公司联合设计，我国开始研制和生产数控机床，例如，青海第一机床厂与日本发那科公司合作，研制成功国内第一台卧式数控加工中心——XH754（1980 年）；北京机床研究所与北京第三机床厂合作研制成功国内首个 JCS－FMC－1/2 卧/立式加工柔性单元；北京机床研究所与日本发那科公司合作研发的我国第一条回转体加工柔性制造系统投入生产；南京机床厂与德国 TRAUB 公司合作生产 TND360 数控车床，成批量应用于生产；北京航空航天大学研制的国内首台微型计算机数控系统 CNC－4D 成批量成功应用于航空企业 XK5040 铣床的数控化改造。

“六五”期间（1981—1985 年），我国数控机床采用直接从国外“引进技术”的方式，通过许可证贸易、合作生产、购进样机等方式引进数控机床及相关技术 183 项，开发出数控机床新品种 81 种，累计可供品种达 113 种，这成为我国数控机床从展品、样机走向产品的一个分水岭。

“七五”期间（1986—1990 年），我国开展了以数控机床科技攻关专题和以引进技术“消化吸收”为主要内容的“数控一条龙”项目，包括五种机床主机和三种数控系统的消化吸收国产化。

“八五”期间（1991—1995 年），以“自主开发”为重点支持国产数控系统的技术攻关和产品开发，成功开发出了具有当时国际先进技术水平的中华Ⅰ型（北京珠峰公司和北京航空航天大学联合开发）、华中Ⅰ型（武汉华中数控）和蓝天Ⅰ型（沈阳高档数控国家工程研究中心）等高档数控系统。

“九五”期间（1996—2000年），以推进数控机床“产业化”为重点。在技术方面，基于工业PC平台的普及型数控系统开始走向实用，并且攻克了开放式网络化多通道多轴联动技术；在产品方面，重点发展数控车床、加工中心、数控磨床、数控电加工机床、数控锻压机床和数控重型机床六大类产品，形成主机批量生产能力和关键配套能力，到2000年，我国数控机床品种达1500种，还研发出了五轴联动数控加工中心并投入市场，但此期间机床工业的产值数控化率一直在20%左右徘徊；在产业方面，国产数控机床面向市场竞争的产业化发展步伐加快，开始进入市场竞争阶段。

“十五”期间（2001—2005年），随着2001年中国正式加入WTO，我国数控机床进入高速发展时期，国产数控机床产量以超过30%的幅度逐年增长，国产五轴联动加工中心和五面体龙门式加工中心为能源、汽车、航空航天等国家重点建设工程提供了关键装备。在此期间，国家“863计划”中还实施了“高精尖数控机床”重点专项，支持了航空、汽车等部分重点领域急需的高精尖数控装备研制。

“十一五”期间（2006—2010年），我国机床工业保持持续稳定高速发展。2007年，沈阳机床和大连机床分别进入全球机床行业前十强。一方面，一批机床企业“走出去”，到发达国家进行技术并购，如沈阳机床在德国设立技术研发中心，大连机床、沈阳机床、北一机床分别并购Ingersoll（美国）、Schiess（德国）和Waldrich-Coburg（德国）等。另一方面，国内市场对中高档数控机床需求急增，机床企业加大产品研发力度。“十一五”期间，金属切削机床中的数控机床产量达72.8万台，与“十五”期间相比，增长281%，数控化率从15%（2006年）提高到30%（2010年）；一批民营数控机床企业开始快速发展，其产品在一些细分领域（如3C、汽车零部件和家电等）占有重要地位。从2009年开始，中国在金属加工机床的生产、消费和进口三个方面均列世界第一，并保持到2018年。2009年，国家出台《装备制造业调整和振兴规划》，启动实施“高档数控机床与基础制造装备”科技重大专项，聚焦航空航天、汽车及船舶、发电领域对高档数控机床与基础制造装备的需求，进行重点支持。

“十二五”（2011—2015年）以来，国产数控机床市场竞争力不断增强，在国内中低端数控机床市场已占有明显优势。“高档数控机床与基础制造装备专项”对高档数控机床技术和产业发展发挥了重要推动作用，加快了高档数控机床、数控系统和功能部件的技术研发步伐，促进了机床企业与航空航天、汽车、船舶和发电等领域用户企业的结合；一批高档数控机床（如车铣复合加工中心、大型龙门式五轴联动加工中心、多主轴镜像铣削机床等）实现了从“无”到“有”，并成功应用于重点领域和重点工程的实际生产；济南第二机床厂已有九条用于大型快速高效全自动冲压生产线出口至福特汽车集团（美国），并进一步拓展到日产汽车公司（日本）、标致雪铁龙集团（法国），进入国际市场；五轴联动数控机床精度测试“S试件”标准列入ISO标准，实现我国在国际高档数控机床技术标准领域“零”的突破。2015年，国家全面推进实施制造强国战略，“高档数控机床和机器人”等十大领域被列为重点。2016年，我国机床工业的产出数控化率和机床市场的消费数控化率均接近80%，基本实现了机床产品的数控化升级。

我国数控机床产业在高速发展的同时，企业创新能力不足、核心技术缺失、专业人才不足、技术基础薄弱和产业结构失衡等深层次问题也逐渐显现。数控系统是中国机床工业的长期短板，制约着该工业的发展以及中国制造业的升级。在一系列条件的驱使下，沈阳机床集团走上了自主开发数控系统的道路。这个项目从 2007 年开始研发，开发者原定目标是开发出能够替代进口的常规数控系统。令人意外的是，最后（2012 年）开发出来的却是世界上第一种智能、互联的数控系统“i5”，该系统于 2014 年正式上市销售，如图 2-54 所示。

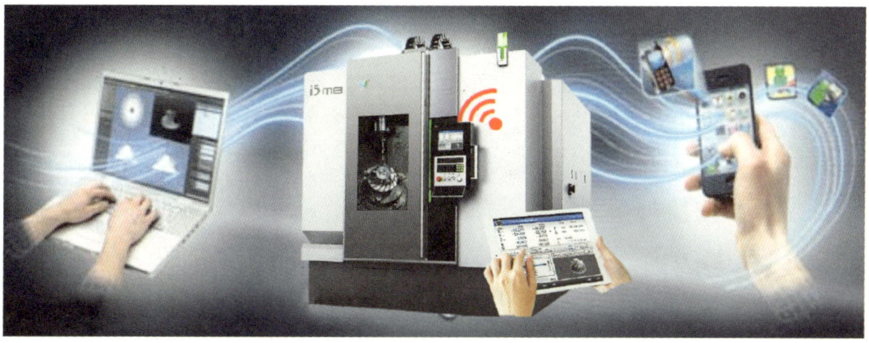

图 2-54　沈阳机床集团 i5 智能数控系统

“i5”与其他数控系统的最大区别就是可以连接互联网。在“i5”推出连接互联网概念之前，没有任何一个数控系统制造商提出过这样的概念。在开发出最初的数控机床网络功能后，沈阳机床集团上海研发团队又提出制造过程的数字化和信息化，从而把机床生命周期（包含机床设计、机床生产、售后服务和维修等）的全过程信息都联结起来。这时就需要一个信息服务平台，以便向售出的数控机床提供服务。

2012 年 7 月，上海研发团队启动开发一个围绕“i5”产品生命周期的信息化服务平台——i 平台。经过不断的改进和完善，2015 年 6 月，i 平台 3 期正式上线。目前，i 平台上已开发成熟的应用包括远程诊断、车间信息系统和在线工厂。这些应用旨在利用互联网实现对机床产品、车间现场的监控和故障诊断，用户可以直接通过手机或计算机在线查询机床厂的实时状态。通过这些“i5”数控机床后台编写数据，工人每天一上班就可以直接在联网的机床中查询到当日的加工任务、成本核算等关键数据，车间所有的管理都转移到“云端”。“i5”智能、互联数控系统的成功开发使沈阳机床集团从低端生产者一跃成为与国外领先企业在同等技术层次上的竞争者。因此，这个事例再次证明自主创新是中国产业升级的基本动力。

2019 年，国内机床行业两大巨头沈阳机床和大连机床因为经营问题被中国通用技术集团重组。与此同时，一批数控机床后起之秀异军突起，以东部沿海地区为主形成了面向市场的数控机床产业聚集地区。

目前，我国高档数控机床发展依然相对落后，这也是制约我国智能制造业发展的重要短板。数据显示，2019 年全球排名前十的数控机床企业中，来自日本的山崎马扎克（MAZAK）公司以 52.8 亿美元的营收排名第一，德国通快（TRUMPF）公司以 42.4 亿美元排名第二，德日合资公司德玛吉森精机（DMG MORI）以38.2亿美元排名第三，其后分别为马格、天田、大隈、牧野、格劳博、哈斯、埃玛克。2015—2019年，我国进口的数控机床合计达29914台，进口总额达978亿元。此外，我国高端机床及核心零部件仍依赖进口，截至2021年，国产高端数控机床系统市场占有率不足30%。国产精密机床加工精度目前仅能达到亚微米级，与国际先进水平相差1～2个数量级。因此，在供需矛盾之下，我国高端机床的自主化、国产替代任务依然艰巨。

具体而言，我国高端数控机床主要存在四个方面的问题。一是高端机床的精密数控系统主要来源于日本、德国，国产数控系统主要应用于中低端机床，国产高端机床精密数控系统自主供给依然缺乏；二是主轴主要来源于德国、瑞士、英国等，国产企业已具备一定生产能力，但技术仍需迭代提升；三是丝杠主要来源于日本，国内相关技术较多，但技术水平有待提升；四是刀具主要来源于瑞典、美国、日本等，国产刀具材料落后，寿命和稳定性不高，平均寿命只有国际先进水平的1/3～1/2。

### 3. 数控机床的未来发展趋势

在未来主要发展趋势方面，数控机床技术呈现出高性能、多功能、定制化、智能化和绿色化的发展趋势。

1）高性能。在数控机床发展过程中，一直在努力追求更高的加工精度、切削速度、生产率和可靠性。未来数控机床将通过进一步优化的整机结构、先进的控制系统和高效的数学算法等，实现复杂曲线曲面的高速高精直接插补和高动态响应的伺服控制；通过数字化虚拟仿真、优化的静动态刚度设计、热稳定性控制、在线动态补偿等技术大幅度提高可靠性和精度保持性。

2）多功能。从不同切削加工工艺复合（如车铣、铣磨）向不同成型方法的组合（如增材制造、减材制造和等材制造等成型方法的组合或混合），数控机床与机器人朝着“机-机”融合与协同方向发展；从“CAD－CAM－CNC”的传统串行工艺链向基于3D实体模型的“CAD＋CAM＋CNC集成”一步式加工方向发展；从“机-机”互联的网络化向“人-机-物”互联、边缘/云计算支持的加工大数据处理方向发展。

3）定制化。根据用户需求，在机床结构、系统配置、专业编程、切削刀具、在机测量等方面提供定制化开发，在加工工艺、切削参数、故障诊断、运行维护等方面提供定制化服务。模块化设计、可重构配置、网络化协同、软件定义制造、可移动制造等技术将为实现定制化提供技术支撑。

4）智能化。通过传感器和标准通信接口感知和获取机床状态和加工过程的信号及数据，通过变换处理、建模分析和数据挖掘对加工过程进行学习，形成支持最优决策的信息和指令，实现对机床及加工过程的监测、预报和控制，满足优质、高效、柔性和自适应加工的要求。“感知、互联、学习、决策、自适应”将成为数控机床智能化的主要功能特征，加工大数据、工业物联、数字孪生、边缘计算/云计算、深度学习等将有力助推未来智能机床技术的发展与进步，如图2-55所示。

德国计得美公司于1994年收购两个亏损企业——德克尔公司和马霍公司组成DMG集团，主要生产车床、加工中心和激光加工机三大类机床。通过优化组织、深入用户、广泛合作、开发新品种，2000年时，DMG成为欧洲第一大机床集团。

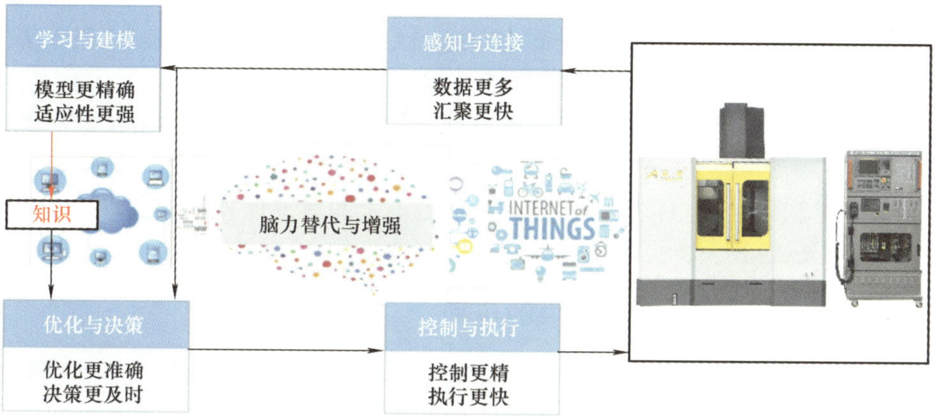


图 2-55　智能机床示意图

2013 年，日本第二大工具机厂商森精机制作所（MORI SEIKI）与德国德马吉（DMG）签订新合作协议，相互提升持股比例，德国德马吉和日本森精机公司整合，德国制造（DMG，143 年）+日本制造（MORI SEIKI，65 年）强强联合，形成了新的数控机床全球领导者——德马吉森精机（DMG MORI）。

“工业 4.0”是未来最重要的主题，作为金属切削机床的全球领先制造商，德马吉森精机支持用户的数字化转型，为用户提供基于应用程序的 CELOS 系统及其他智能软件解决方案。CELOS 系统是 DMG MORI 统一的用户界面，操作之简洁如同使用智能手机一样，且将全部机床与生产组织连接在同一个网络中，能持续管理、查看文档及显示任务单、工艺和机床数据。多种应用程序帮助操作人员无差错地准备、优化及处理生产任务。CELOS 系统简化从构思到成品的全过程，全面提升加工业务效益；具有先进的控制界面，并能用新应用程序及更新进行扩展，为日常生产奠定工业 4.0 的基础，还为无纸化生产奠定了基础。CELOS APP（CELOS 应用程序）使用户能够对合同订单、工艺流程及机床数据进行全面的数字化管理、文档化和显示。此外，CELOS 与生产排程系统（PPS）和企业资源计划（ERP）系统兼容，可与计算机辅助设计（CAD）/计算机辅助制造系统（CAM）的应用联网，并运行其他面向未来的 CELOS 应用程序。DMG MORI CELOS 智能机床示意图如图 2-56 所示。

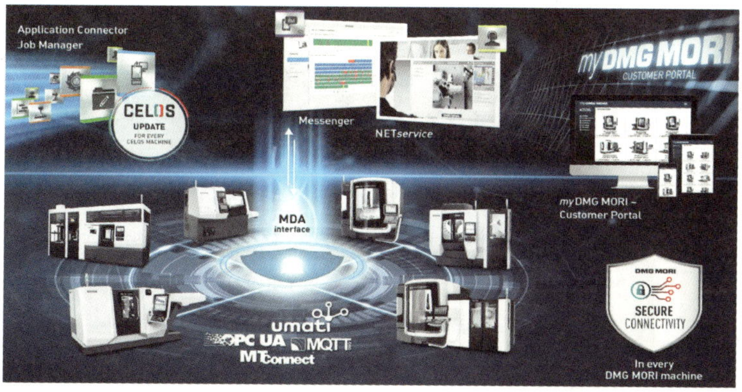


图 2-56　DMG MORI CELOS 智能机床示意图

5）绿色化。数控机床技术面向未来可持续发展的需求，具有生态友好的设计、轻量化的结构、节能环保的制造、最优化能效管理、清洁切削技术、宜人化人机接口和产品全生命周期绿色化服务等。

机床作为工作母机，多年来为工业革命和现代工业发展提供了制造工具和方法，未来工业发展和人类文明进步，仍然离不开数控机床的支撑和促进。展望未来，新的一轮工业革命给数控机床的发展带来新的挑战和机遇，先进制造技术与新一代信息技术及新一代人工智能融合，也给数控机床的技术创新、产品换代和产业升级提供了技术支撑，数控机床将走向高性能、多功能、定制化、智能化和绿色化，并拥抱未来的量子计算新技术，为新的工业革命和人类文明进步提供更强大、更便利和更有效的制造工具。

### 2.5.3 数控机床技术在智能制造中的应用

数控机床的水平、品种和生产能力反映了一国的技术、经济综合国力。高档数控机床集多种高端技术于一体，应用于复杂的曲面和自动化加工，在航空航天、船舶、机械制造、高精密仪器、军工、医疗器械产业等领域有着非常重要的核心作用。《中国制造 2025》将数控机床和基础制造装备列为“加快突破的战略必争领域”，其中，提出要加强前瞻部署和关键技术突破，积极谋划抢占未来科技和产业竞争制高点，提高国际分工层次和话语权。

我国机床行业在世界机床工业体系和全球机床市场中占有重要地位，但与世界机床强国相比，仍具有一定差距，尤其表现在中高档机床竞争力不强。此外，受到国内外复杂经济形势的影响，产业向中高端转型升级的需求迫切，要逐步实现由机床生产大国向机床生产强国的转变。

随着中国制造业产业结构的优化，以汽车、航空航天、船舶、电力设备、工程机械、3C 行业为代表的高端制造业对数控机床性能和精度要求日益提高，中国数控机床特别是高档数控机床市场需求日益扩大。我国已连续多年成为世界最大的机床装备生产国、消费国和进口国，未来 10 年，电子与通信设备、航空航天装备、轨道交通装备、电力装备、汽车、船舶、工程机械与农业机械等重点产业的快速发展以及新材料、新技术的不断进步，将对数控机床与基础装备提出新的战略性需求和转型挑战，对数控机床与基础制造装备的需求将由中低档向高档转变，由单机向包括机器人上下料和在线检测功能的制造单元和成套系统转变是，由数字化向智能化转变，由通用机床向量体裁衣的个性化机床转变，电子与通信设备制造装备将是新的需求热点。

## 思 考 题

1. 什么是工业机器人？它是如何分类的？
2. 工业机器人的特点是什么？工业机器人的发展现状和趋势是什么？
3. 什么是增材制造？增材制造的分类和应用现状是什么？
4. 智能检测系统的工作原理是什么？智能检测的主要理论有哪些？
5. 什么是物联网？其技术框架是什么？
6. 高档数控机床的发展趋势是什么？

# 模块3 智能制造信息技术

## 学习目标

1. 了解智能制造信息技术的发展历程。
2. 掌握智能制造信息技术的工作原理。
3. 了解智能制造信息技术的发展趋势。
4. 了解智能制造信息技术的工程应用。

## 重点和难点

1. CPS 的构成与应用。
2. 工业大数据的关键技术与应用。
3. 工业云架构与应用。
4. RFID 的工作原理与应用。
5. 机器视觉的工作原理与应用。

中国数控机床发展史上“重中之重”

## 延伸阅读

中国数控机床发展史上“重中之重”。

## 单元 1 信息物理系统（CPS）

信息物理系统

### 3.1.1 CPS 的沿革

信息物理系统（Cyber-Physical Systems，CPS），也称赛博物理系统，是一个包含计算、网络和物理实体的复杂系统，作为计算进程和物理进程的统一体，通过 3C（Computation、Communication、Control）技术的有机融合与深度协作，是集成计算、通信与控制于一体的下一代智能系统。CPS 通过人机交互接口实现和物理进程的交互，使用网络化空间以远程、可靠、实时、安全、协作和智能化的方式操控一个物理实体，进而通过自感知、自记忆、自认知、自决策、自重构和智能支持促进工业资产的全面智能化。CPS 核心概念图如图 3-1 所示。

由于太空探索经常需要由无人飞行器执行各种危险的任务，美国国家航空航天局

（NASA）在1992年率先提出并定义了CPS的概念，其内核被定义为控制、通信与计算，被列为重要核心关键技术。CPS技术可以远程控制各种武器装备执行危险的作战任务，因此很快引起美国国防部的重视。在美国国防部的推动下，美国将CPS技术从太空探索引入军事领域，其无人机作战系统能够在军事基地控制数千千米外的无人机对目标进行侦察。2005年5月，美国国会要求美国科学院评估美国的技术竞争力，并提出维持和提高这种竞争力的建议。5个月后，基于此项研究的《站在风暴之上》报告问世。在此基础上，于2006年2月发布的《美国竞争力计划》将CPS列为重要的研究项目。

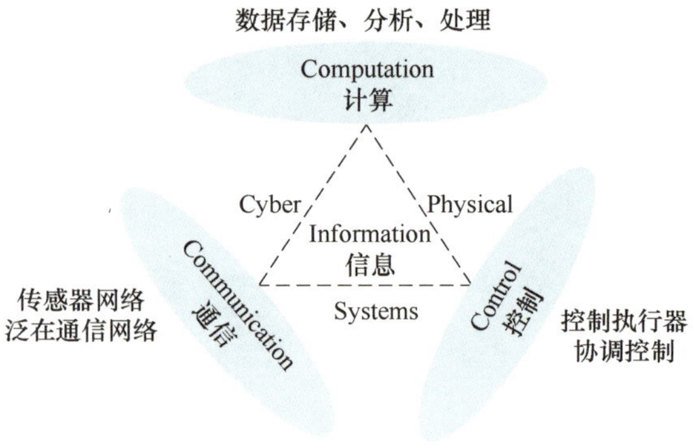


图3-1　CPS核心概念图

2006年，美国国家科学基金会（NSF）将CPS技术列为其重要研究项目并开展研究。研究认为，CPS将让整个世界互联起来，如同互联网改变了人与人的互动一样，CPS将会改变我们与物理世界的互动。

2013年，德国“工业4.0”概念席卷全球，作为其基础支撑理念的CPS受到了广泛关注，德国在发布的《信息物理系统研究报告》中提出了“CPS+制造业=工业4.0”。

日本在研究“智能制造系统（IMS）”时也把柔性制造、CPS等列入重点研究方向。

2014年10月，中德双方举行的第三轮中德政府协商后发表的《中德合作行动纲要》中宣布，两国将开展“工业4.0”合作，而“工业4.0”的核心就是构建CPS。

2017年3月，中国在《信息物理系统白皮书》中对CPS的定义是：通过集成先进的感知、计算、通信、控制等信息技术和自动控制技术，构建了物理空间与信息空间中人、机、物、环境、信息等要素相互映射、适时交互、高效协同的复杂系统，实现系统内资源配置和运行的按需响应、快速迭代、动态优化。信息世界与物理世界交互示意图如图3-2所示。

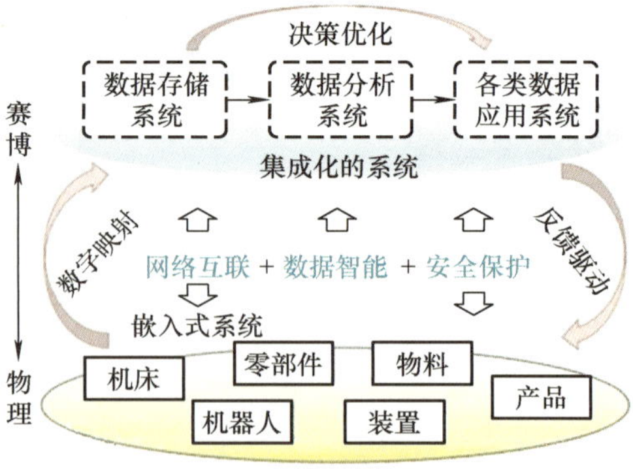


图3-2　信息世界与物理世界交互示意图

## 3.1.2　CPS的构成

CPS是物联网的升级和发展，CPS中所有的网络节点、计算、通信模块和人自身都是系统中的一分子，如图3-3所示。

智能制造系统中的各子系统正是借助CPS，才能摆脱信息孤岛的状态，实现系统之间的连接和沟通，如图3-4所示。CPS能够经由通信网络对局部物理世界发生的感知和操纵进行

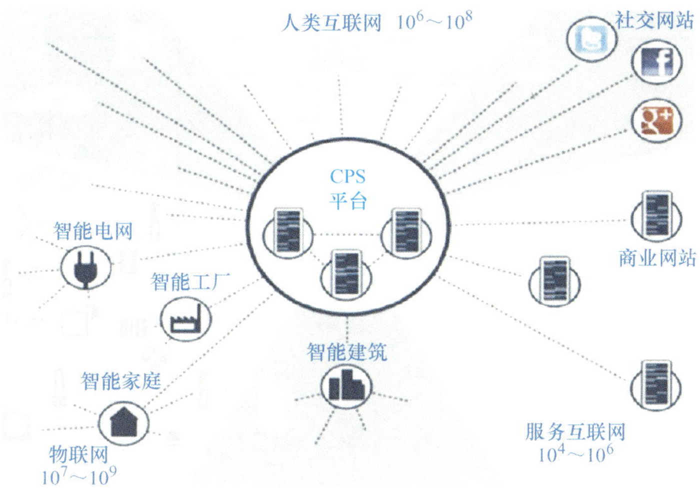


图 3-3　CPS 概述图

可靠、实时、高效的观察与控制，从而实现大规模实体控制和全局优化控制，实现资源的协调分配与动态组织。

CPS 由传感器节点、执行器节点、传感器与执行器组合节点、计算系统和控制系统等组成。CPS 通信网络可以逻辑地视为由传感器网络、执行器网络、计算机网络构成的组合通信网络，如图 3-5 所示。

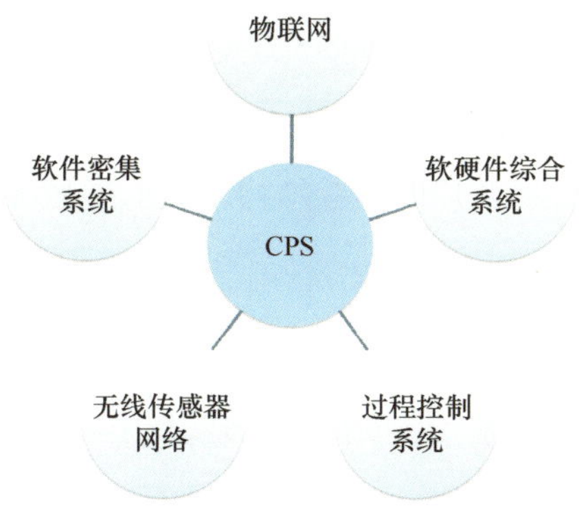


图 3-4　CPS 相关子系统

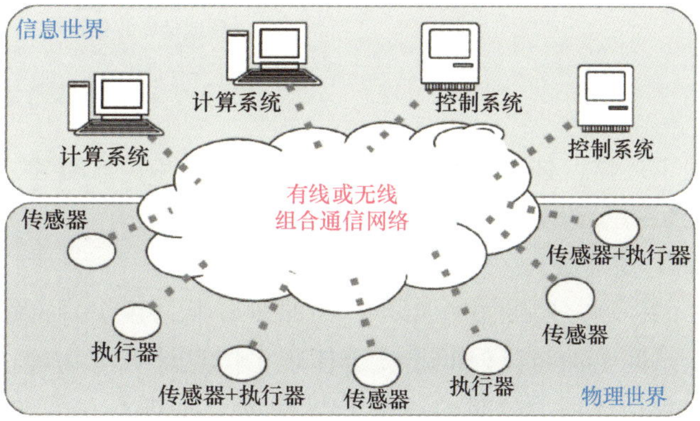


图 3-5　CPS 逻辑示意图

CPS 主要分为三个部分，分别是物理层、网络层和控制层。物理层主要是由传感器、控制器和采集器等设备组成。物理层中的传感器作为信息物理系统中的末端设备，主要采集的是环境中的具体信息。网络层是连接信息世界和物理世界的桥梁，主要实现的是数据传输，为系统提供实时的网络服务。控制层主要是对物理设备传回的数据进行相应的分析，将相应的结果返回客户端以可视化的界面呈现给客户，如图 3-6 所示。

CPS 体系结构是 CPS 最基本的内容，是 CPS 的骨架和灵魂。CPS 结合信息计算和物理

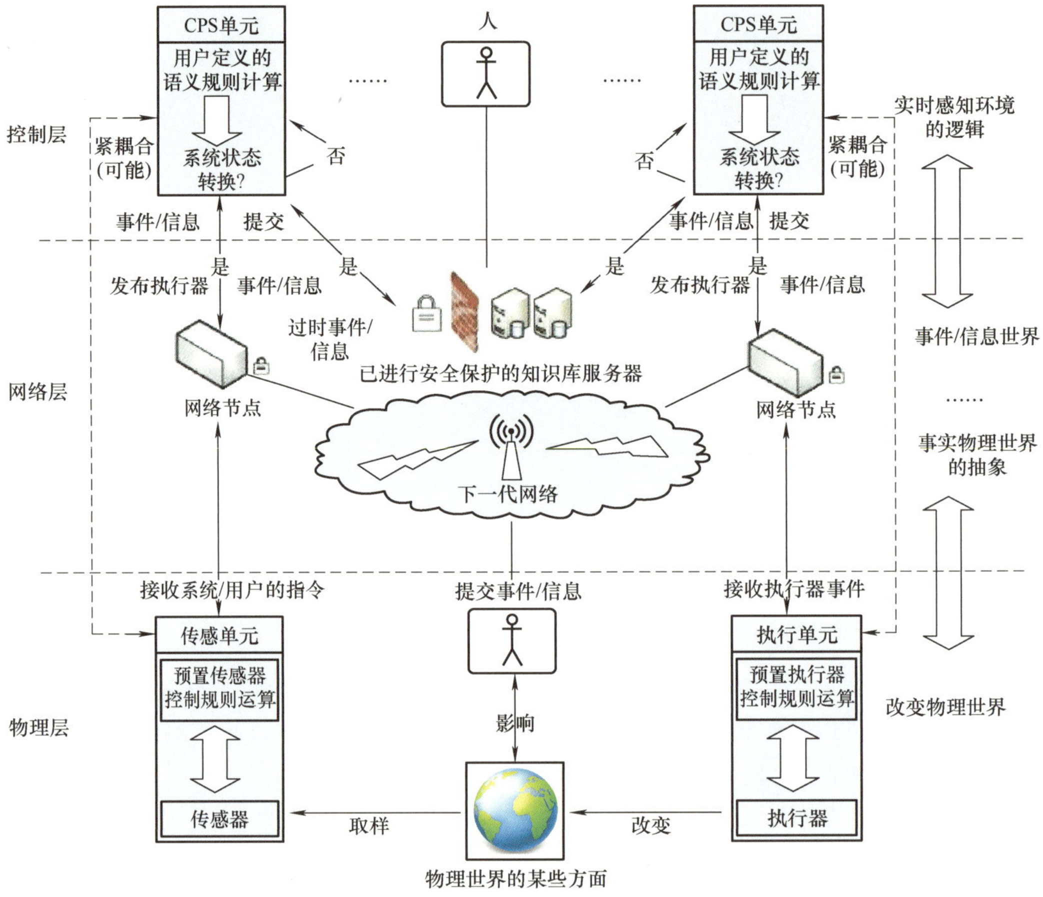


图 3-6　CPS 体系结构

进程于一体，体现出一系列特定的系统特性，只有建立起科学合理的体系结构，才能够开发出满足需要的 CPS。

### 1. 物理层

CPS 物理层的节点深入到物理环境中，并实时感知环境变化，对特定情况做出反应，不仅从空间上而且从时间上充分体现了信息计算与物理过程的紧密结合。CPS 体系结构中的物理层包括地理上分布的各种 CPS 单元，物理层是直接与物理世界交互的部分，CPS 通过物理层感知环境，反之又通过物理层作用于环境并加以改变。例如，随处分布的传感器网络、未来 CPS 汽车单元及 CPS 医疗网络都属于物理层。

### 2. 网络层

网络层负责将 CPS 单元相互连接，实现数据交换、资源共享和互操作，将物理层的大量 CPS 物理单元实现互联互通，并支持 CPS 物理单元之间的互操作。网络层是 CPS 实现资源共享的基础。CPS 网络需要屏蔽掉物理层 CPS 物理单元的异构性，实现无缝连接，为控制层提供资源共享的基础网络，以透明的方式为用户提供即插即用式服务。因此，CPS 网络层不仅仅需要传统计算机网络中的许多技术，如接入控制、网络连接、路由、数据传输、发布/订阅模式的数据共享，而且需要很多不同于传统计算机网络的新技术，这些新技术包括异构节点产生的异构数据的描述和语义解析，由于节点移动性导致的节点定位算法，网络应用感知能力的覆盖，大量数据传输带来的网络拥堵等新技术。

**3. 控制层**

控制层是面向用户的，主要负责将整个 CPS 友好地呈现给用户，该层将物理层和网络层的详细信息封装成为不同的应用模块，使用户不用关心底层细节而直接进行业务处理。控制层主要收集任务需求，将任务进行合理分解，然后根据对这些子任务进程资源的查询和配置来定位和调度资源，以完成具体任务。图 3-7 所示为数控机床信息物理系统模型。

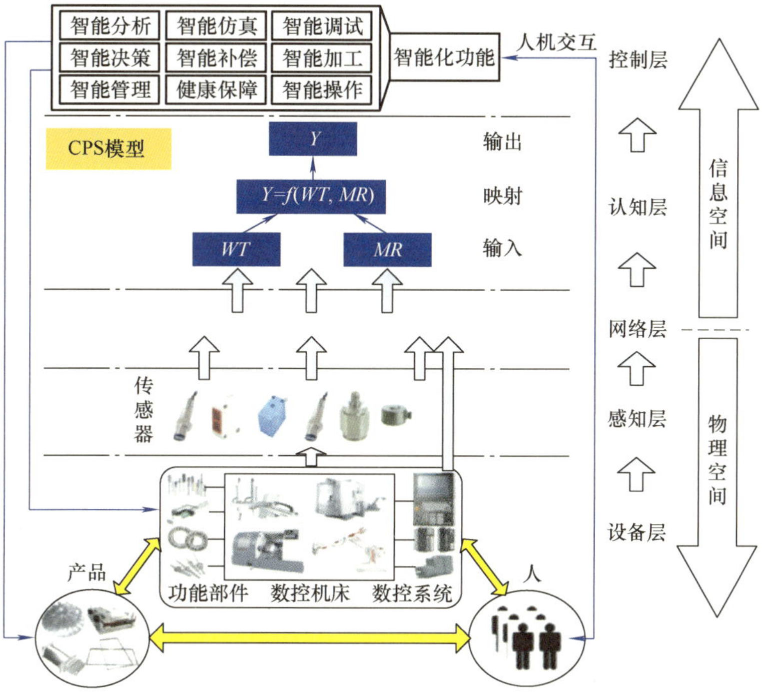


图 3-7 数控机床信息物理系统模型

## 3.1.3 CPS 的集成应用

CPS 的意义在于将物理设备联网，特别是连接到互联网上，使得物理设备具有计算、通信、精确控制、远程协调和自治五大功能。CPS 可使整个世界互联起来，就如同互联网在人与人之间建立互动一样，CPS 也将深化人与物理世界的互动。

CPS 的应用很广泛，小到智能家居等家用级系统，大到工业控制系统、智能交通系统等。在工艺流程、生产组织方式比较复杂的离散型制造行业中，一个制造车间的复杂系统可能由多个 CPS 构成。CPS 广泛应用的目标不仅仅是简单地将诸如家电等产品联在一起，还要催生出众多具有计算、通信、控制、协同和自治性能的设备。

下一代工业将建立在 CPS 之上。随着 CPS 技术的发展和普及，使用计算机和网络实现功能扩展的物理设备将无处不在，它们将推动工业产品和技术的升级换代，极大地提高汽车、航空航天、国防、工业自动化、医疗设备、重大基础设施等主要工业领域的竞争力。CPS不仅会催生出新的工业，甚至会重新调配现有产业布局。

1. 航天工业中的CPS应用

2019年5月，由中国航空制造技术研究院牵头联合航空工业成都飞机工业有限责任公司、金航数码科技有限责任公司和西北工业大学组成的项目团队，承担工信部第一批工业转型升级“航空行业信息物理系统（CPS）测试验证解决方案应用推广”重点项目，通过工信部CPS项目验收。

项目建设针对飞机、发动机典型结构，在四条生产线、平台上开展了单元级和系统级的CPS测试验证。项目实施后，测试环境襟翼滑轨生产线和发动机外涵机匣装配生产线分别实现了产品生产率和质量大幅度提升。其中，襟翼滑轨零件加工平均用时缩短22.24%，加工用刀具平均寿命延长17.32%，零件平均缺陷数大幅降低。发动机机匣前端装配不合格率由18.2%降至11.5%，年产能也有所提升。项目成果在行业内外多家企业中进行了应用推广，为整个行业制造模式的转型升级贡献了重要力量。

航天器控制系统是一种典型的CPS，其作用在于确保该航天器控制系统设计的效率和精准性。以航天工业人造卫星姿态控制为例，人造卫星是在一定高度的轨道上绕地球运转并能执行相关任务的航天器。卫星姿态控制系统作为卫星平台的核心，保证了卫星在轨正常的运行。卫星姿态控制是为了控制卫星的空间位置和寿命，因为卫星的姿态会受到各种外力的作用，如行星大气、太阳电磁辐射、引力场和磁场对卫星绕质心的姿态运动会分别产生气动力矩、光压力矩、引力梯度力和磁力矩，这些干扰力矩对航天器姿态控制将产生影响。

2. 船舶工业中的CPS应用

中国船舶工业系统工程研究院基于系统之系统级CPS体系架构，结合我国海洋装备技术和应用特点，在国内首次研制以装备全生命周期视情使用、视情管理和视情维护为核心，面向船舶与航运智能化的智能船舶运行与维护系统（Smart-vessel Operation and Maintenance System，SOMS），为用户提供定制化服务，利用智能化运维手段降低运行与维护成本。

SOMS的架构涵盖了CPS状态感知、实时分析、科学决策、精准执行四个过程。在2017年中国船舶工业集团公司发布的全球首艘经船级社认证的智能船舶“大智”号中，SOMS的架构应用部署图如图3-8所示，该系统通过了英国劳氏船级社和中国船级社的双认证，成为全球首套民用智能船舶系统产品。

3. 交通运输中的CPS应用

现代交通运输系统是一个典型的CPS。交通CPS通过计算、通信与物理系统的一体化设计，使系统更加可靠和高效，并与云计算结合，为驾驶员安全舒适地驾驶改善了环境。交通CPS包括三层：感知层、网络层和应用层，其框架如图3-9所示，车内各种传感器和智能手机等形成感知层，用于完成对道路、车辆信息和驾驶习惯数据的采集；车内传输节点（V节点）和路边汇聚节点（I节点）构成网络层，负责数据传输，其传输模式包括V2V、V2I和I2V；汇聚节点完成数据归类融合，加入用于云计算平台处理的簇头，并接入汽车云计算平台，从而组成应用层，云计算平台完成海量数据的分析、处理和存储，汽车可以通过各类公共网络接入平台并获得综合信息服务。

当车辆发生异常事件时，T-CPS（交通行业CPS）中的车载传感器设备对当前道路状

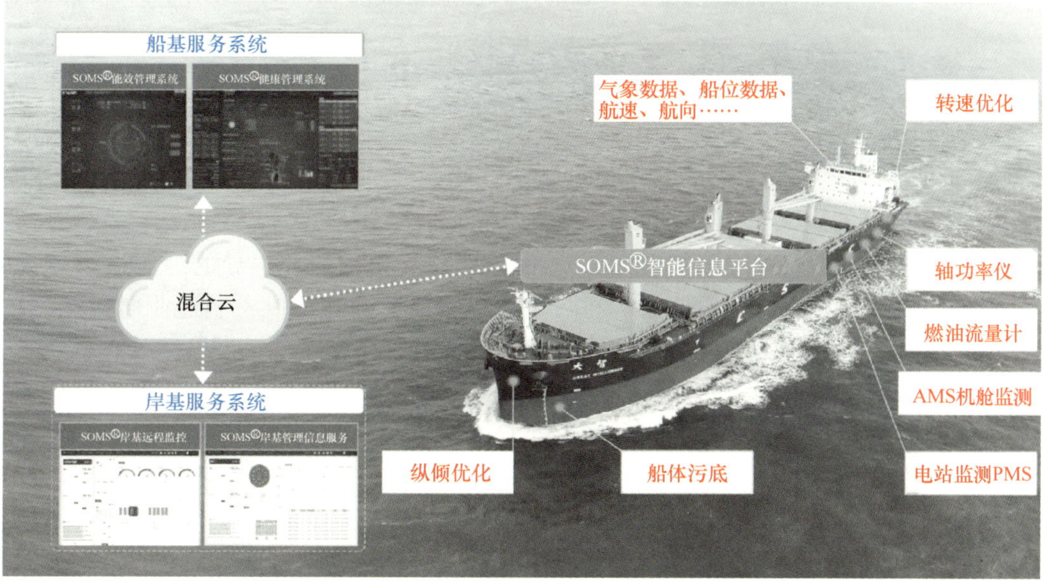


图 3-8　SOMS 架构应用部署图

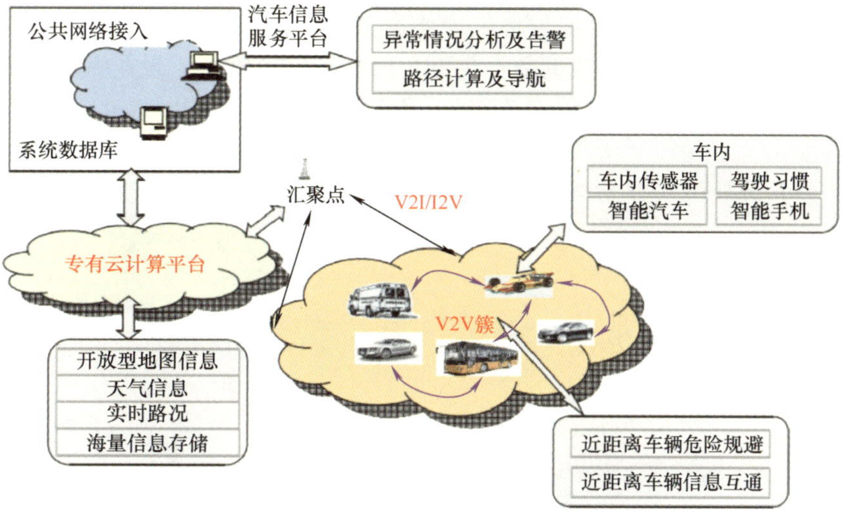


图 3-9　交通运输 CPS 框架

况、车辆信息和驾驶行为等数据完成实时采集，采集的数据一方面通过车内模型预测通过 V2V 传播，实现实时告警；另一方面则通过 V2I 将采集的数据传输至汇聚点，上传到云平台，进行海量数据的存储和处理，为驾驶情况评估提供数据处理能力，对整个实时路况进行分析，并将其应用于路径计算和实时导航服务。

CPS 将是中国应对新经济条件下两化融合和产业转型的关键技术之一。从目前人工智能的进展来看，该技术是非常重要的，其中人才是整个智能制造中最为重要的因素，只有把人融入 CPS 并和 CPS 有机结合在一起，才能提升我国制造业的整体发展水平。

# 单元2 工业大数据技术

## 3.2.1 工业大数据概述

### 1. 工业大数据的定义

德国“工业4.0”或“中国制造2025”都是以智能化制造为主导的一次生产方式的大变革，旨在通过充分利用信息通信技术和网络空间虚拟系统的手段将制造业向智能化转型。而实现、完成这个过程的基础就是信息技术与工业技术的高度融合，网络、计算机技术、软件等与自动化技术的深度交织。显然，这一切都离不开海量数据的支持。因此，现代制造业走向智能化、数字化制造的过程必然是处于大数据制造背景下。

工业大数据（Industrial Big Data）是指在工业领域中，围绕典型智能制造模式，从客户需求到销售、订单、计划、研发、设计、工艺、制造、采购、供应、库存、发货和交付、售后服务、运维、报废或回收再制造等整个产品全生命周期各个环节所产生的各类数据及相关技术和应用的总称。它以产品数据为核心，极大延展了传统工业数据范围，同时还包括工业大数据相关技术和应用。其主要来源可分为生产经营相关业务数据、设备物联数据、外部数据。工业大数据架构图如图3-10所示，它主要包含三个维度：生命周期与价值流、企业纵向层和IT价值链。其中，生命周期与价值流维度分为三个阶段：研发与设计、生产与供应链管理、运维与服务，包含各阶段的数据类型、应用及价值创新；企业纵向层从下至上包含信息物理系统（CPS）、管理信息系统（MIS）和互联平台系统（Internet +），企业各层为实现工业大数据应用及工业转型所需进行的工作；IT价值链指导工业大数据落地的业务架构、应用架构、信息系统架构和技术架构。

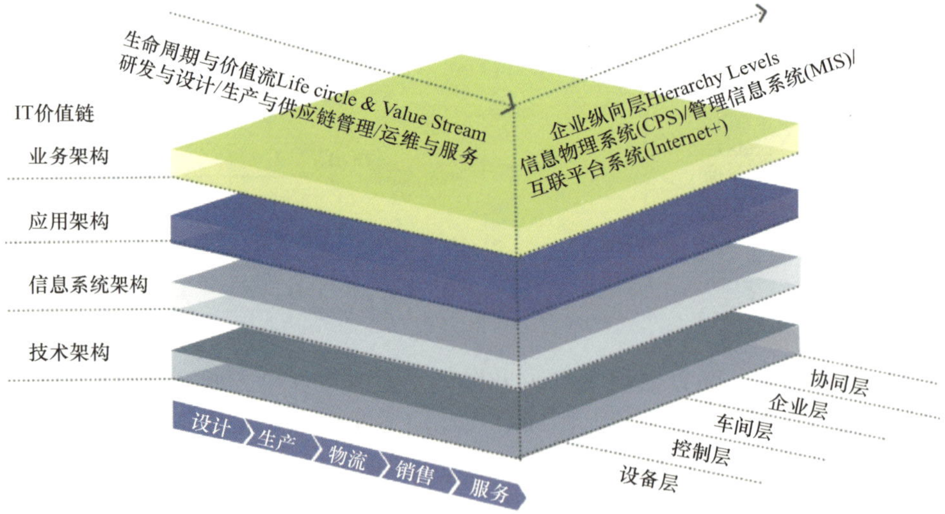


图3-10 工业大数据架构图

工业大数据技术是使工业大数据中所蕴含的价值得以挖掘和展现的一系列技术与方法，包括数据规划、采集、预处理、存储、分析挖掘、可视化和智能控制等。工业大数据应用则是对特定的工业大数据集应用工业大数据系列技术与方法获得有价值信息的过程。工业大数据技术的研究与突破，其根本目标就是从复杂的数据集中发现新的模式与知识，挖掘到有价值的新信息，从而促进制造型企业的产品创新，提升经营水平和生产运作效率，以及拓展新型商业模式。

2. 工业大数据的特征

工业大数据除具有一般大数据的“4V”特征（数据量大、多样、快速和价值密度低）外，还具有时序性、强关联性、准确性、闭环性等特征。

1）数据量大（Volume）：数据的大小决定所考虑数据的价值和潜在的信息。工业数据体量比较大，大量机器设备的高频数据和互联网数据持续涌入，大型工业企业的数据集将达到 PB 级甚至 EB 级。

2）多样（Variety）：指数据类型的多样性和来源广泛。工业数据分布广泛，涉及机器设备、工业产品、管理系统、互联网等各个环节，并且结构复杂，既有结构化和半结构化的传感数据，也有非结构化数据。

3）快速（Velocity）：指获得和处理数据的速度。工业数据处理速度需求多样，生产现场级要求时限时间分析达到毫秒级，管理与决策应用需要支持交互式或批量数据分析。

4）价值密度低（Value）：工业大数据更强调用户价值驱动和数据本身的可用性，包括提升创新能力和生产经营效率，以及促进个性化定制、服务化转型等智能制造新模式变革。

5）时序性（Sequence）：工业大数据具有较强的时序性，如订单、设备状态数据等。

6）强关联性（Strong - Relevance）：一方面，产品全生命周期同一阶段的数据具有强关联性，如产品零部件组成、工况、设备状态、维修情况、零部件补充采购等；另一方面，产品全生命周期的研发设计、生产、服务等不同环节的数据之间需要进行关联。

7）准确性（Accuracy）：主要指数据的真实性、完整性和可靠性，更加关注数据质量，以及处理、分析技术和方法的可靠性。对数据分析的置信度要求较高，仅依靠统计相关性分析不足以支撑故障诊断、预测预警等工业应用，需要将物理模型与数据模型结合，挖掘因果关系。

8）闭环性（Closed - loop）：包括产品全生命周期横向过程中数据链条的封闭和关联，以及智能制造纵向数据采集和处理过程中，需要支撑状态感知、分析、反馈、控制等闭环场景下的动态持续调整和优化。

由于以上特征，工业大数据作为大数据的一个应用行业，在具有广阔应用前景的同时，对于传统的数据管理技术与数据分析技术也提出了很大的挑战。

### 3.2.2 工业大数据的关键技术

为了获取大数据中有价值的信息，必须选择有效的方式对其进行处理。大数据技术一般包括数据采集和数据处理两个核心内容。

1. 数据采集技术

制造企业数字化建设过程中需要采集的数据非常庞大，其核心采集数据主要包括：

1）从底层的设备控制系统中采集设备的状态数据、设备参数等，如数控系统、产线控制系统等。

2）直接采集各类终端及传感器的数据，如温度传感器、振动传感器、噪声传感器、手持终端等。

3）从各类业务应用信息系统中获取的数据，如 MES 系统从 PDM 系统获取 BOM 数据，从 ERP 系统获取订单数据等。

4）由线下的纸质文件数据转化而来，如工艺卡片电子化、流程卡片电子化等。

5）从互联网获取数据，如获取市场信息数据、环境数据、上下游供应商数据等。

实现以上数据资产的全面获取与利用，数据采集技术是关键。针对不同来源、不同形式的数据，需选用不同的数据采集方式。对于纸质文件等线下数据，可通过 OCR 识别、图像扫描、手工录入等方式获取；对于各类设备及传感器的数据，可通过各类网络及工业接口协议实现采集；对于业务系统数据，一方面可通过系统集成的方式定义数据集成接口或通过中间件实现数据传递，另一方面可直接利用 ETL（抽取 Extract、转换 Transform、加载 Load）工具从业务系统数据库中抽取；对于外部数据、互联网数据，可采用网络爬虫等方式获取。

常用的数据采集技术以传感器为主，结合 RFID、条码扫描器、生产和监测设备、PDA、人机交互、智能终端等手段实现生产过程的信息获取，并通过互联网或现场总线等技术实现原始数据的实时准确传输。

数据可以是从传感器、网络社交软件、论坛等渠道获得的信息，数据类型包括结构化、半结构化及非结构化数据。大数据采集即是通过传感体系、网络通信体系、智能识别体系及软硬件资源接入系统，实现对结构化、半结构化及非结构化海量数据的智能化识别、跟踪、接入、传输、信号转换、监控、初步处理和管理等。

### 2. 数据处理技术

数据处理是智能制造的关键技术之一。数据处理是为了更好地利用数据，其目的是从大量杂乱无章、难以理解的数据中抽取并推导出对于某些特定需求有价值、有意义的数据。常见的数据处理流程主要包括数据清洗、数据融合、数据分析及数据存储，如图 3-11 所示。

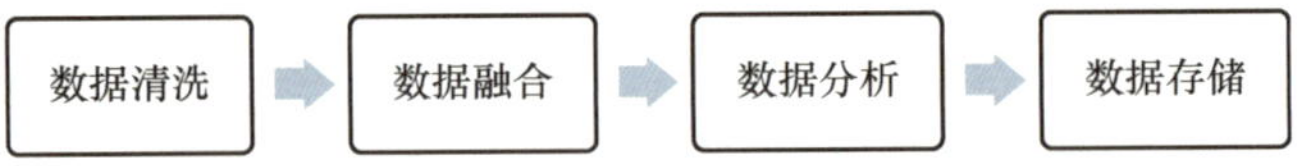


图 3-11 数据处理流程

1）数据清洗：数据清洗也称为数据预处理，是指对所收集数据进行分析前进行的审核、筛选等必要的处理，并对存在问题的数据进行处理，从而将原始的低质量数据转化为方便分析的高质量数据，以确保数据的完整性、一致性、唯一性和合理性。数据清洗主要包含三部分内容：数据清理、数据变换、数据归约。这些大数据处理技术在数据挖掘之前使用，可以提高数据挖掘模式的质量，降低实际挖掘所需要的时间。

2）数据融合：将各种传感器在空间和时间上的互补与冗余信息依据某种优化准则或算法组合来产生对观测对象的一致性解释和描述。数据融合包括数据层融合、特征层融合、决策层融合等。

3）数据分析：用适当的统计分析方法对收集来的大量数据进行分析，对它们加以汇总和理解并消化，以求最大化地开发数据的功能，发挥数据的作用。常见的数据分析方法包括①可视化分析，不管对于数据分析专家还是普通用户，数据可视化都是数据分析工具最基本的功能；②数据挖掘，从大量、不完全、有噪声、模糊、随机的实际应用数据中提取隐含在其中人们事先不知道但又是潜在有用的信息和知识的过程；③预测性分析，根据可视化分析和数据挖掘的结果做出一些预测性判断；④语义引擎，分析语义中隐含的消息，并主动地提取信息。

4）数据存储：将数据以某种格式记录在计算机内部或外部存储介质上进行保存。面对巨大的数据量能否建立相应的数据库并随时管理和调用其中的数据，成为大数据存储技术的关键。这需要开发新型数据库技术，如键值数据库、列存数据库、图存数据库及文档数据库等，以解决海量图文数据的存储及应用问题。

### 3.2.3 工业大数据的分析与应用

消费需求的个性化要求传统制造业突破现有的生产方式与制造模式，处理和挖掘消费需求所产生的海量数据与信息。同时，非标准化产品的生产过程中也会产生大量的生产信息与数据，需要及时收集、处理和分析，以用来指导生产。这两方面的大数据信息流最终会通过互联网在智能设备之间传递，由智能设备分析、判断、决策、调整、控制并继续开展智能生产，生产出高品质的个性化产品。可以说，大数据是构成新一代智能工厂的重要技术支撑。

智能工厂中的大数据是“信息”与“物理”世界彼此交互与融合的产物。大数据应用将带来制造业企业创新和变革的新时代，在传统的制造业生产管理信息数据的基础上，结合物联网等感知的物理数据，形成智能制造时代的生产数据私有云，创新制造业企业的研发、生产、运营、营销和管理方式，带给企业更快的速度、更高的效率和更敏锐的洞察力。

大数据可能带来的巨大价值正在被传统产业认可，它通过技术创新与发展，以及数据的全面感知、收集、分析和共享，为企业管理者和参与者呈现出认识制造业价值链的全新视角。工业大数据的价值具体体现在以下两个方面。

#### 1. 实现智能生产

在智能制造体系中，通过物联网技术使工厂/车间的设备传感层与控制层的数据和企业信息系统融合，将生产大数据传送至云计算数据中心进行存储、分析，形成决策并反过来指导生产。

具体而言，生产线、生产设备都将配备传感器获取数据，然后经过无线网络传输数据，对生产本身进行实时监控。而生产所产生的数据同样经过快速处理、传递，反馈至生产过程中，将工厂升级为可以管理和自适应调整的智能网络，使得工业控制和管理最优化，最大限度利用有限资源，从而降低工业和资源的配置成本，使得生产过程能够高效地进行。图 3-12 所示为大数据驱动的车间生产智能调度方案框架。

采用传统设备生产的过程中，其本身自然磨损会使产品的品质发生一定的变化。如今，由于信息技术、物联网技术的发展，可以通过传感技术实时感知数据，随时了解产品出了什么故障，哪里需要配件，这使得生产过程能够被精确控制，真正实现生产智能化。因此，在一定程度上，工厂/车间的传感器所产生的大数据直接决定了智能化设备的智能水平。

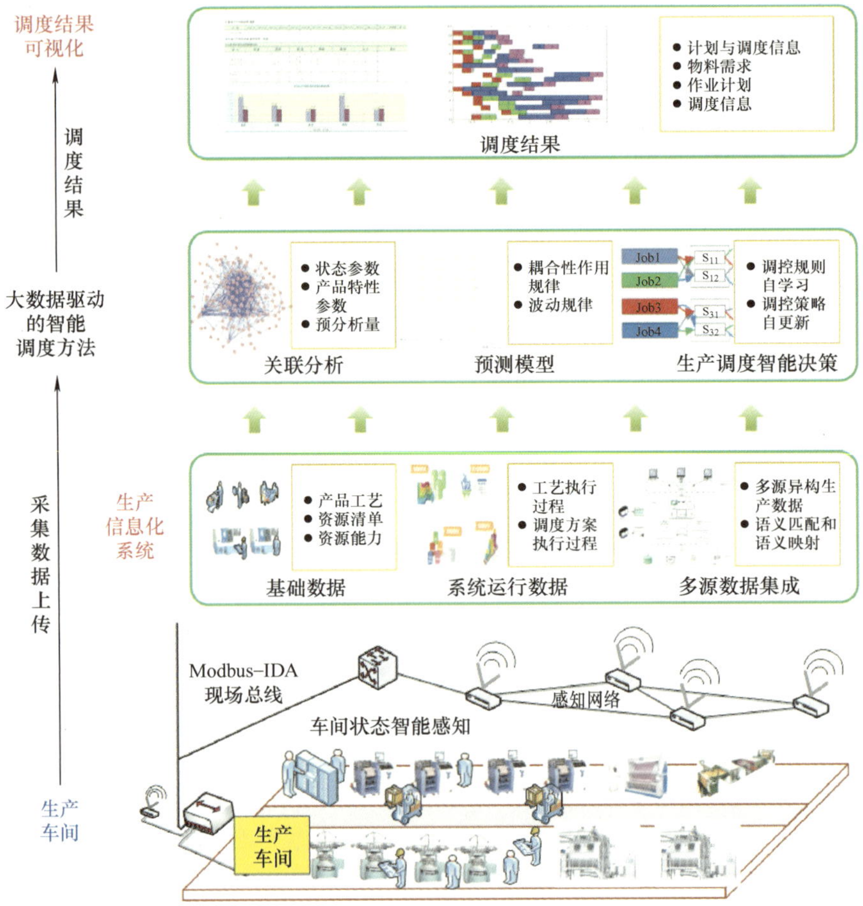


图 3-12 大数据驱动的车间生产智能调度方案框架

此外，从生产能耗角度看，设备生产过程中利用传感器集中监控所有的生产流程，能够发现能耗的异常或峰值情况，由此能够在生产过程中不断实时优化能源消耗。同时，对所有流程的大数据进行分析，也将在整体上大幅降低生产能耗。

### 2. 实现大规模定制

大数据是制造业智能化的基础，其在制造业大规模定制中的应用包括数据采集、数据管理、订单管理、智能化制造、定制平台等。其中，定制平台是核心，定制数据达到一定的数量级方能实现大数据应用。通过对大数据的挖掘，可将其应用于流行预测、精准匹配、时尚管理、社交应用、营销推送等领域。同时，大数据能够帮助制造业企业提升营销的针对性，降低物流和库存的成本，减少生产资源投入的风险。

进行大数据分析，将带来仓储、配送、销售效率的大幅提升与成本的大幅下降，并将极大地减少库存，优化供应链。同时，利用销售数据、产品的传感器数据和供应商数据库的数据等大数据，制造业企业可以准确预测全球不同区域市场的商品需求，跟踪库存和销售价格，从而节约大量成本。

实现消费者个性化需求，一方面需要制造业企业能够生产或提供符合消费者个性偏好的产品或服务，另一方面需要互联网提供消费者的个性化定制需求。由于消费者众多，需求多样，导致需求的具体信息也不同，加上需求不断变化，就构成了产品需求的大数据。消费者与制造业企业之间的交互和交易行为也将产生大量数据，挖掘和分析这些消费者动态数据，能够帮助消费者参与到产品的需求分析和产品设计等创新活动中，为产品创新做出贡献。制造业企业对这些数据进行处理，进而传递给智能设备，进行数据挖掘、设备调整、原材料准备等步骤，才能生产出符合个性化需求的定制产品。

作为传统制造业智能化转型的先行者，青岛酷特智能股份有限公司通过十余年的创新改革，以自有服装工厂为案例，成功地打造了具有 C2M 产业互联网解决方案的核心架构。相对于传统的 C2M 代表“用户-工厂”，在产业互联网生态平台产业链中，C2M 代表的则是“需求 + 平台 + 工厂”，如图 3-13 所示。

图 3-13 青岛酷特智能股份有限公司 C2M 架构

通过培育生态体系，青岛酷特智能股份有限公司倡导的 C2M 商业模式已日臻成熟，C 端客户的个性化需求直接对接 M 端工厂，工厂通过个性化生产满足客户需求，去除了代理商、渠道商等中间环节，客户不再为中间环节的高额成本买单，切实享受到高性价比的产品服务。

青岛酷特智能股份有限公司通过构建独特的“互联网 + 工业”新模式，成为全球第一家完全实现工业化大规模定制的公司。公司为客户提供了极为多样的定制化选项，可在 1min 内拥有专属于自己的“版型”。青岛酷特智能股份有限公司通过自主研发建立了版型、工艺、款式、BOM 四大数据库，包含了亿量级的数据，可以满足 99.99% 的个性化定制需要。首先，公司自主研发了智能设计打版系统和智能裁床，让计算机自动制版和智能裁剪成为可能。这一套定制生产的方案和流程解决了传统定制对于人工过于依赖，价格过高，受众圈层小，规模小，时间、效率、成本过高等束缚企业发展的诸多问题。与此同时，青岛酷特智能股份有限公司也解决了占用服装企业巨额流动资金的库存问题，实现了全年“零库存”，甚至是“负库存”。图 3-14 为青岛酷特智能股份有限公司 C2M 模式下服装定制全流程示意图。

2021 年上半年，青岛酷特智能股份有限公司个性化定制服装营业收入同比增长 84.73%。同时，公司仍在利用智能技术赋能传统基础设施迭代升级，加快推动企业智能转型升级，夯实企业高质量发展底座。

制造业数字化转型是大数据、云计算、人工智能、工业互联网等多种数字技术的集群式创新突破及其与制造业的深度融合，是对制造业的设计研发、生产制造、仓储物流、销售服务等进行全流程、全链条、全要素的改造，充分发挥数据要素的价值创造作用。制造业数字

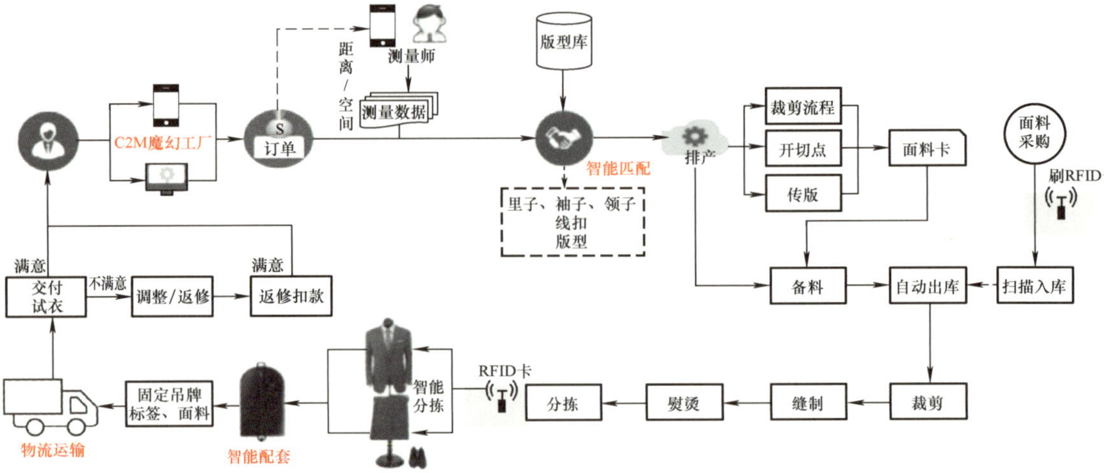


图3-14　青岛酷特智能股份有限公司C2M模式下服装定制全流程示意图

化转型既是抓住新一轮科技革命和产业变革浪潮的要求，也是深化供给侧结构性改革、夯实国民经济发展基础的需要，通过打通生产、流通、分配、消费等社会生产各环节的堵点，连通产业链、价值链的断点，有效促进大循环的畅通。

## 单元3　工业云技术

工业云技术

### 3.3.1　工业云概述

#### 1. 工业云的定义

互联网上的应用服务一直被称为软件即服务（Software as a Service，SaaS），而数据中心的软硬件设施就是“云（Cloud）”。“云”是网络、互联网的一种比喻性说法，云可以是广域网或某个局域网内硬件、软件、网络等一系列资源统一在一起的综合称呼。

云技术是指在广域网或局域网内将硬件、软件、网络等系列资源统一起来，实现数据的计算、存储、处理和共享的一种托管技术。云技术分为云计算、云存储、云安全等。云技术的基本特征是虚拟化和分布式，其中虚拟化技术将计算机资源（如服务器、网络、内存以及存储等）予以抽象、转换后呈现，使用户可以更好地应用这些资源，而且不受现有资源的物理形态和地域等条件的限制。分布式网络存储技术将数据分散地存储于多台独立的机器设备上，利用多台存储服务器分担存储负荷，不但解决了传统集中式存储系统中单存储服务器的瓶颈问题，还提高了系统的可靠性、可用性和拓展性。

伴随着互联网行业的高度发展和应用，未来每个物品都有可能拥有自己的识别标志，都需要传输到后台系统进行逻辑处理，不同程度级别的数据将会分开处理，各类行业数据皆需要强大的系统后台支撑，这些只能通过云计算来实现。云计算是一种计算模型，可以随时随地按需访问共享的、可配置的计算资源池（如网络、服务器、存储、应用程序和服务），只需最少的管理工作就可以快速配置和分发。云计算具有三个特点：虚拟化、超大规模和高扩张性。云计算技术包括数据存储技术、数据处理技术和虚拟化技术。

工业云是通过云计算为工业企业提供服务，使工业企业的社会资源实现共享的一种新型网络化制造服务模式。其本质是以云平台为载体，以工业系统为基础，融合先进制造技术及互联网、云计算、物联网、大数据等新一代信息技术和产品，通过汇聚分布式、跨领域的制造资源和制造能力，根据用户需求以云化的方式提供优质、及时、低成本的服务，实现制造需求和社会化制造资源的高质高效对接。工业云是云计算按应用领域分类的一种，其本质还是云计算，只不过是将工业领域所需要的软件系统应用搬到了"云"上。按工业软件划分，工业云可分为工业管理云、工业设计云、工业服务云等，如图 3-15 所示。

图 3-15 工业云平台

2. 工业云的发展历程

1961 年，美国计算机科学家约翰·麦卡锡（John McCarthy）提出了把计算能力作为一种像水和电一样的公用事业提供给用户的理念。2011 年，美国国家标准和技术研究院提出了云计算的概念，认为云计算是一种资源管理模式，能以广泛、便利、按需的方式通过网络访问实现基础资源（如网络、服务器、存储器、应用和服务）的快速、高效、自动化配置与管理。

2011 年，美国通用电气公司（GE）首先提出了"工业互联网"的概念，以云计算、工业大数据分析为特征的工业互联网技术呈现广阔的发展前景。美国、德国、日本等信息产业强国随之对工业互联网高度关注，将其作为未来产业发展的战略，重点出台一系列的政策支持措施，进而抢占工业互联网市场空间和产业发展的制高点。GE 于 2013 年首先开发了 Predix 软件平台，负责将各种工业资产设备相互连接后接入云端，并提供资产性能管理（APM）和运营优化服务。西门子、施耐德等工业巨头也都抓紧布局工业云平台，推出了 MindSphere、EcoStruxure 等产品，凭借其在工业领域的沉淀积累以及应用信息技术改造传统制造业的成功经验，以云平台化的方式灵活实现跨区域工业信息服务的部署和交付，把数以亿计的终端工业设备连入互联网，提供强大的数据传输、存储和处理能力，并为特定的行业提供数字化、网络化、智能化转型的软件应用和服务。

2013 年，我国工信部提出"6+1 专项行动"，将工业云创新服务列入《信息化和工业化深度融合专项行动计划（2013—2018 年）》，确定北京市、天津市、河北省、内蒙古自治区、黑龙江省、上海市、江苏省、浙江省、山东省等 16 个省市开展工业云创新服务试点，探索制造业领域的共享经济新模式。我国工业化和信息化水平相对较低，工业企业两化融合水平处于单项覆盖向集成提升过渡阶段，因此，需结合国内工业企业的市场需求，探索符合我国国情的工业云发展路径。我国工业云平台已在框架、标准、测试、安全、国际合作等方面取得了初步进展，成立了汇集政、产、学、研的工业互联网产业联盟，发布了《工业互联网体系架构（版本 1.0）》《工业互联网安全框架》等。以航天云网、三一根云平台、海尔 COSMOplat 平台为代表的国内工业互联网云平台相继建立，在新型网络的部署、平台建设、工业大数据分析以及安全保障等关键领域形成了一批工业互联网示范云平台和优秀应用案例。

3. 工业云的发展优势

企业的发展要靠技术创新，特别是数字化制造技术的普及对传统企业的生产方式造成了巨大的冲击。对我国中小企业而言，数字化制造技术的应用上仍存在壁垒：主流的工业软件90%以上依靠引进，且价格昂贵；工业软件的运行需要部署大量高性能计算设备；另外，企业搭建标准系统环境，需要配备专业技术人员，投入高昂的运维成本。目前，数字化制造技术仅被大型或超大型企业采用，占我国90%以上的中小型企业尚未使用。“工业云服务平台”利用云计算技术为中小企业提供高端工业软件，企业按照实际使用资源付费，极大地降低了技术创新成本，加快了产品上市时间，提高了生产率。

工业云能降低信息化门槛，让更多中小企业以较低的成本切入信息化领域。大型工业企业运用工业云能够将企业分散的信息资源统一整合，表现出更为集约、协同的管理特征，从而大幅提高IT设施的利用率，而中小型工业企业运用工业云可以不用自己购买IT设备，只需选择工业云服务厂商提供的在线系统或应用服务按需使用、付费即可。

工业云将是未来云计算领域影响最为广泛的技术，普及工业云将有助于减轻制造业的IT运营成本，提升整体制造业的竞争实力。谁能率先确立在全球的工业云服务覆盖，谁便能在智能制造时代占据产业生态的制高点，并取得掌控工业数据的先机。

4. 工业云的发展瓶颈

信息安全是工业云市场扩大的瓶颈。主要由于工业企业担心把自己的核心数据放到网上，发生数据泄露造成无法估量的损失。这种顾虑和担心并不是工业所独有的，而是很多行业领域的共性。未来云时代，“计算+安全”将是最重要的刚需配置，也将成为影响云厂商竞争力的关键因素。

近年来，国内外工业云平台发展势头日新月异，并且应用日益广泛。然而，新技术的引入在有效促进产业转型升级的同时，也带来了新的安全隐患。工业控制系统网络安全应急技术工信部重点实验室通过工业互联网流量监测、仿真验证等技术手段对国内外若干家主流工业云平台的安全性进行了分析调研，发现现有工业云平台产品在设备层、网络层、平台层存在诸多安全漏洞和配置缺陷，有被网络攻击甚至非法控制的风险。

### 3.3.2 工业云的架构

云计算为用户提供三种级别的服务：基础设施即服务（Infrastructure as a Service，IaaS）、平台即服务（Platform as a Service，PaaS）、软件即服务（Software as a Service，SaaS）。一个典型的工业云平台由下至上由设备边缘层、云基础设施IaaS层、工业云平台PaaS层、工业应用SaaS层组成。工业云架构如图3-16所示。

第一层是设备边缘层。通过大范围、深层次的数据采集，以及异构数据的协议转换与边缘处理，构建工业互联网平台的数据基础。一是通过各类通信手段接入不同设备、系统和产品，采集海量数据；二是依托协议转换技术实现多源异构数据的归一化和边缘集成；三是利用边缘计算设备实现底层数据的汇聚处理，并实现数据向云端平台的集成。

第二层是云基础设施IaaS层，是指把IT基础设施作为一种服务通过网络对外提供。在这种服务模型中，用户不用自己构建一个数据中心，而是通过租用的方式来使用基础设施服务，包括服务器、存储和网络等。由信息技术企业主导建设，目前全球十大IaaS服务商中，

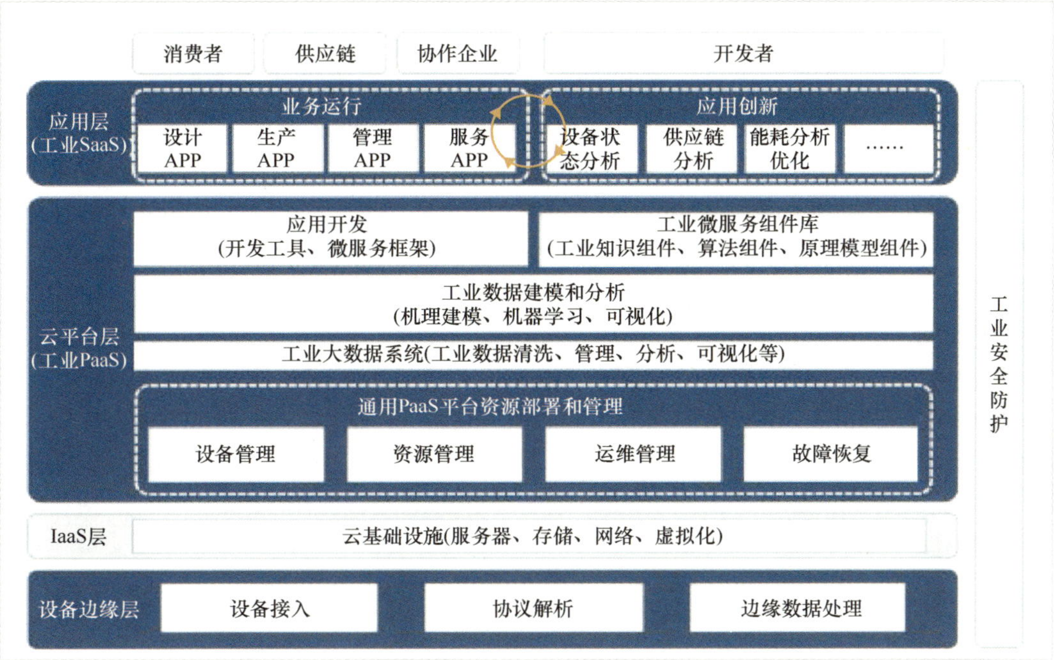


图 3-16 工业云架构

国内有阿里巴巴、腾讯、中国电信、金山云、华为云，国外有亚马逊、微软、IBM 等，消费者通过 Internet 可以从完善的计算机基础设施获得服务。

第三层是工业云平台 PaaS 层，是指将软件研发的平台作为一种服务，是一种由第三方提供硬件和应用软件平台的云计算形式。PaaS 主要面向开发人员和程序员，它允许用户开发、运行和管理自己的应用，而无须构建和维护通常与该流程相关联的基础架构或平台。PaaS 提供商会将硬件和软件托管在自己的基础架构上，并通过互联网集成解决方案及其堆栈或服务，以 SaaS 的模式提交给用户，PaaS 是 SaaS 模式的一种应用。

基于通用 PaaS 叠加大数据处理、工业数据分析、工业微服务等创新功能，构建可扩展的开放式云操作系统。一是提供工业数据管理能力，将数据科学与工业机理结合，帮助制造企业构建工业数据分析能力，实现数据价值挖掘；二是把技术、知识、经验等资源固化为可移植、可复用的工业微服务组件库，供开发者调用；三是构建应用开发环境，借助微服务组件和工业应用开发工具，帮助用户快速构建定制化的工业 APP。工业云平台 PaaS 层的建设者多为了解行业本身的工业企业，如 GE、西门子、施耐德，以及我国的航天科工、三一根云、海尔集团等，均是基于通用 PaaS 进行二次开发，支持容器技术、新型 API 技术、大数据及机器学习技术，构建灵活开放与高性能分析的工业 PaaS 产品。

第四层是工业应用 SaaS 层，是指通过网络提供软件服务。SaaS 是基于互联网提供软件服务的软件应用模式。SaaS 平台供应商将应用软件统一部署在自己的服务器上，客户可以根据工作实际需求，通过互联网向厂商订购所需的应用软件服务，按订购的服务多少和时间长短向厂商支付费用，并通过互联网获得 SaaS 平台供应商提供的服务。作为在 21 世纪开始兴起的创新软件应用模式，SaaS 是软件科技发展的最新趋势。SaaS 提供商为企业搭建信息化所需要的所有网络基础设施及软件、硬件运作平台，并负责所有前期实施、后期维护等一系列服务，企业无须购买软硬件、建设机房、招聘 IT 人员，即可通过互联网使用信息系统。就像打开自来水龙头就能用水一样，企业根据实际需要从 SaaS 提供商租赁软件服务。SaaS 是一种软件布局模型，其专为网络交付而设计，便于用户通过互联网托管、部署及接入。SaaS 应用软件的价格通常为“全包”费用，囊括了通常的应用软件许可证费、软件维护费及技术支持费，将其统一为每个用户的月度租用费。对于广大中小型企业来说，SaaS 是采用先进技术实施信息化的最好途径。但 SaaS 绝不仅仅适用于中小型企业，所有企业都可以从 SaaS 中获利。

从用户角度而言，这三层服务之间是独立的，因为它们提供的服务是完全不同的，而且面对的用户也不尽相同。但从技术角度而言，这三层服务之间又有一定的依赖关系。例如，一个 SaaS 层的产品和服务不仅需要用到 SaaS 层本身的技术，还依赖 PaaS 层所提供的开发和部署平台，或者直接部署于 IaaS 层所提供的计算资源上，另外，PaaS 层的产品和服务也很有可能构建于 IaaS 层服务之上。

### 3.3.3 工业云的应用

工业互联网云平台能够有效集成海量工业设备与系统数据，实现业务与资源的智能管理，促进知识和经验的积累与传承，驱动应用和服务的开放创新。未来，工业互联网云平台可能催生新的产业体系，促进形成多层次发展环境，真正实现“互联网 + 先进制造业”。

#### 1. GE Predix 云平台

GE（美国通用电气公司）是世界上大型的装备与技术服务企业之一，2011 年，GE 提出了“工业互联网”的概念。为了安全连接设备并分析处理机器海量的数据集，2013 年 GE 开发了 Predix 软件平台，负责将多种工业资产设备相互连接并接入云端，提供资产性能管理（APM）和运营优化服务。GE 的 APM 系统是为了提升其资产管理绩效而研发并已在内部应用多年，是一整套综合了云计算和物联网技术的解决方案。2015 年 8 月 5 日，GE 发布并向所有企业开放了专为工业数据分析而开发的云服务——Predix，通过接入设备数据把各种工业设备相连，让各类用户在安全的环境中快速获取、分析海量高速运行的工业数据，帮助各行各业的企业创建和开发自己的工业互联网应用。Predix 平台的主要功能是将各类数据按照统一的标准进行规范化梳理，并提供随时调取和分析的功能。Predix 的四大核心功能是链接资产的安全监控、工业数据管理、工业数据分析、云技术应用和移动性，如图 3-17 所示。

Predix 平台架构分为三层：边缘连接层、基础设施层和应用服务层，如图 3-18 所示。其中，边缘连接层主要负责收集数据并将数据传输到云端；基础设施层主要提供基于全球范围的安全的云基础架构，满足日常的工业工作负载和监督的需求；应用服务层主要负责提供工业微服务和各种服务交互的框架，提供创建、测试、运行工业互联网程序的环境和微服务市场。GE 目前已基于 Predix 平台开发部署计划和物流、互联产品、智能环境、现场人力管理、工业分析、资产绩效管理、运营优化等多类工业 APP。

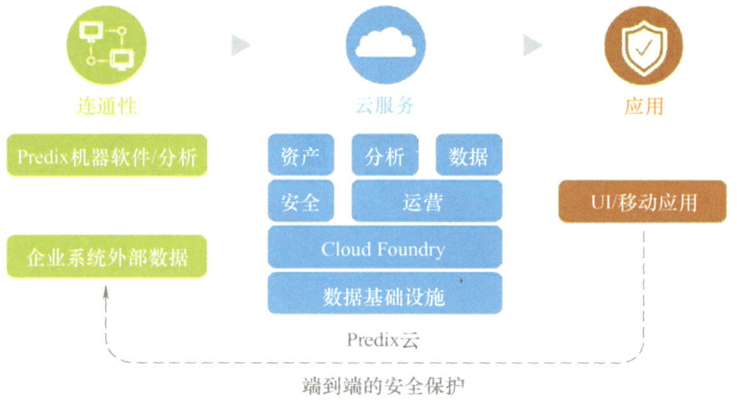


图 3-17　Predix 平台主要功能

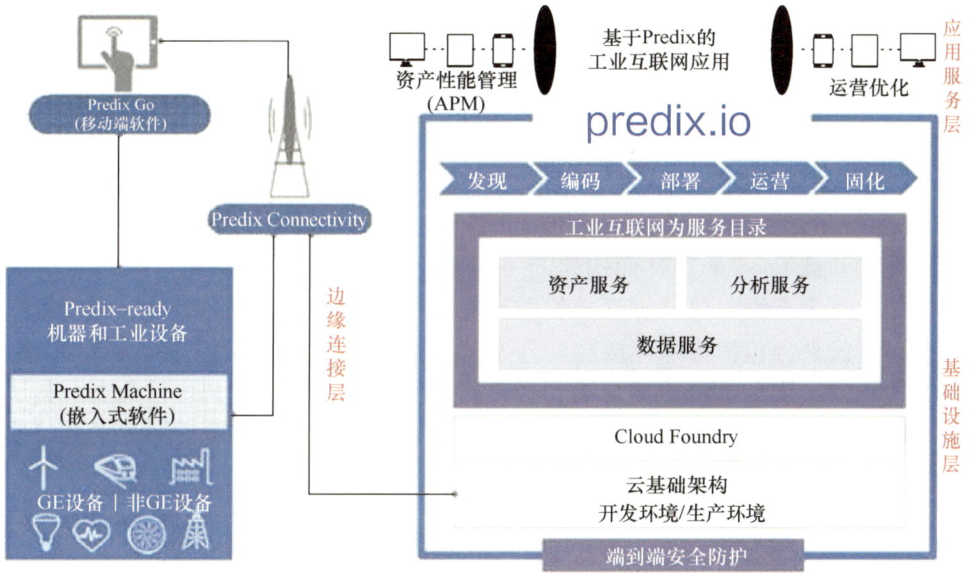


图 3-18　Predix 平台架构

### 2. 西门子 MindSphere 云平台

西门子是全球电子电气工程领域的领先企业，业务主要集中在工业、能源、基础设施及城市、医疗四大领域。西门子于 2016 年推出 MindSphere 平台。该平台采用基于云的开放物联网架构，可以将传感器、控制器及各种信息系统收集的工业现场设备数据通过安全通道实时传输到云端，并在云端为企业提供大数据分析挖掘、工业 APP 开发及智能应用增值等服务。

西门子开放式云平台 MindSphere 是功能强大的 IoT 操作系统的核心，具有数据分析功能和连通功能、各种开发工具及各种应用软件和服务，如图 3-19 所示。MindSphere 平台有助于企业评估客户数据，帮助企业提高资产性能，优化资产，改善生产制造的效率和质量。

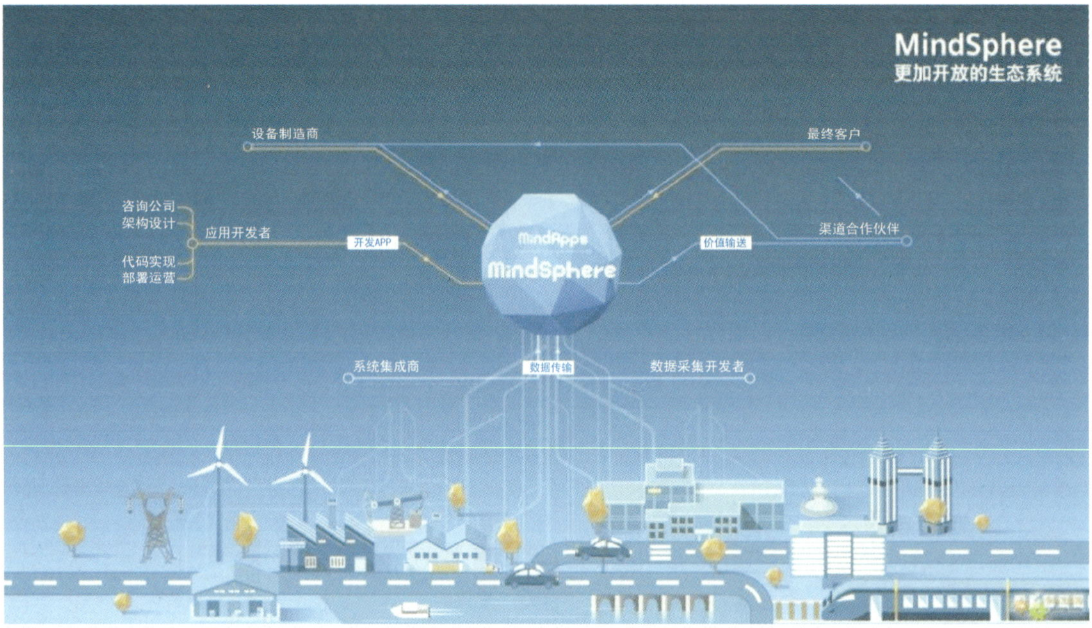


图 3-19　西门子开放式云平台 MindSphere

MindSphere 是基于 Cloud Foundry（Cloud Foundry 是由全球企业和供应商采用开放源码政策联合开发的开源 PaaS 平台）而构建的一种工业标准的云应用平台。客户可以根据自己在成本、控制、可组态性、可伸缩性、位置与安全等方面的需求选择最佳云部署方案。

MindSphere 云平台包括边缘连接层、开发运营层、应用服务层三个层级，如图 3-20 所示。其中，边缘连接层负责将数据传输到云平台，开发运营层为用户提供数据分析，应用服务层为用户提供集成行业经验和数据分析结果的工业智能应用。MindSphere 平台目前已在北美和欧洲的 100 多家企业开始试用。

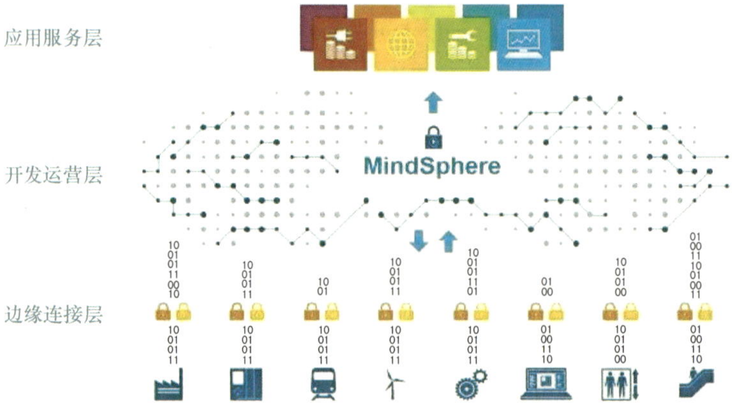


图 3-20　西门子 MindSphere 云平台架构

### 3. 三一重工根云平台

树根互联股份有限公司由三一重工物联网团队创业组建，是独立开放的工业互联网平台企业。2017 年年初，树根互联发布了根云（RootCloud）平台。根云平台主要基于三一重工在装备制造及远程运维领域的经验，由 OT 层向 IT 层延伸构建平台，重点面向设备健康管理，提供端到端工业互联网解决方案和服务，如图 3-21 所示。

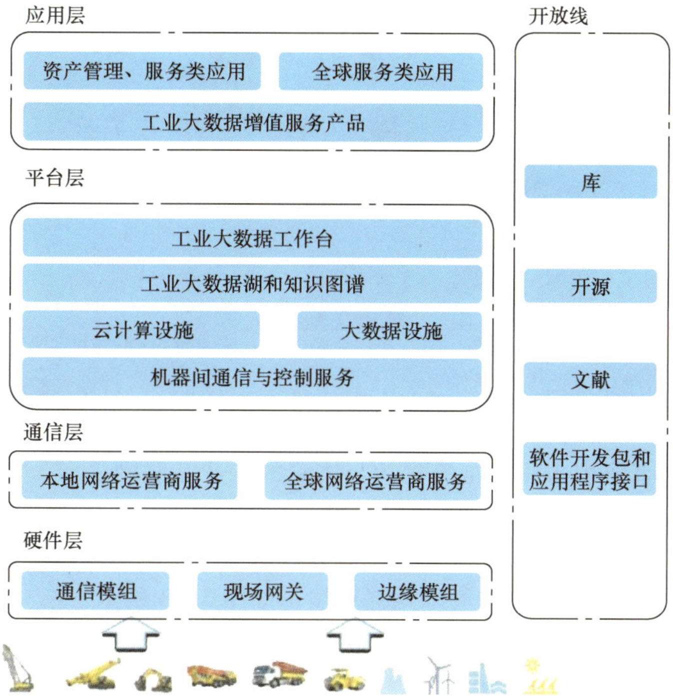


图 3-21　三一重工根云平台架构

根云平台主要具备三方面功能。一是智能物联，通过传感器、控制器等感知设备和物联网络采集、编译各类设备数据。二是大数据和云计算，面向海量设备数据提供数据清洗、数据治理、隐私安全管理等服务及稳定可靠的云计算能力，并依托工业经验知识图谱构建工业大数据工作台。三是 SaaS 应用和解决方案，为企业提供端到端的解决方案和即插即用的 SaaS 应用，并为开发者提供开发组件，方便其快速构建工业互联网应用。

目前根云平台能够为企业提供资产管理、智能服务、预测性维护等工业应用服务。企业可以基于根云平台的设备连入、数据分析等功能建立智能服务管理体系。三一重工依托根云平台“云端 + 终端”建立了智能服务体系，实现工程机械全生命周期管理，给客户提供增值服务，实现价值的延伸。基于智能服务体系，三一重工实现全球范围内工程设备 2h 到现场，24h 完工的服务承诺，打造了无与伦比的服务品牌，促进其业务快速发展。图 3-22 为三一重工基于根云平台的数字化车间架构。

### 4. 海尔 COSMOPlat 平台

海尔集团基于家电制造业的多年实践经验，推出具有中国自主知识产权工业互联网平台

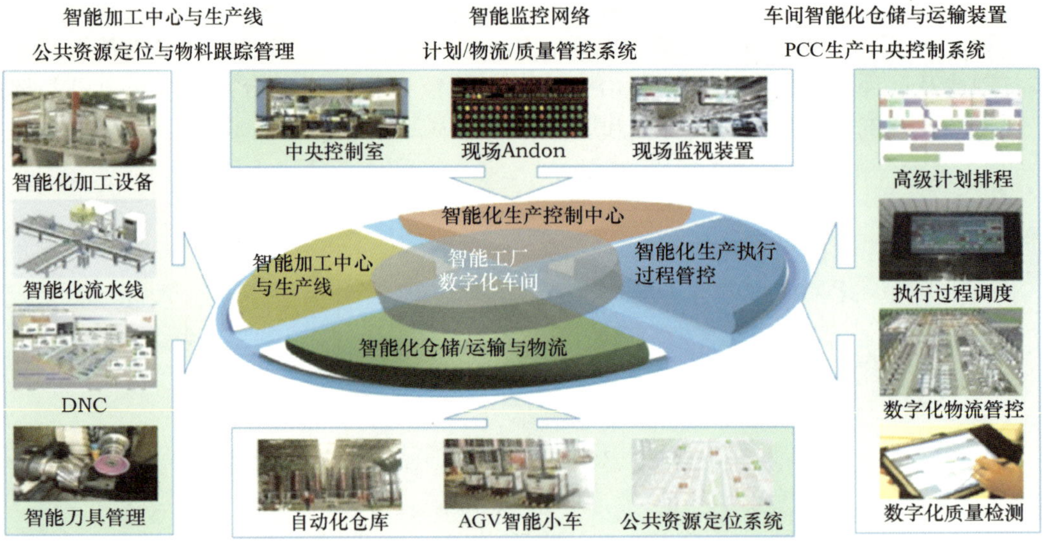


图 3-22　三一重工数字化车间架构

COSMOPlat，是全球首家引入用户全流程参与体验的工业互联网平台。其核心是通过持续与用户交互，将硬件体验变为场景体验，将用户由被动的购买者变为参与者、创造者，将企业由原来的以自我为中心变成以用户为中心，形成以用户为中心的大规模定制化生产模式，实现需求实时响应、全程实时可视和资源无缝对接，如图 3-23 所示。

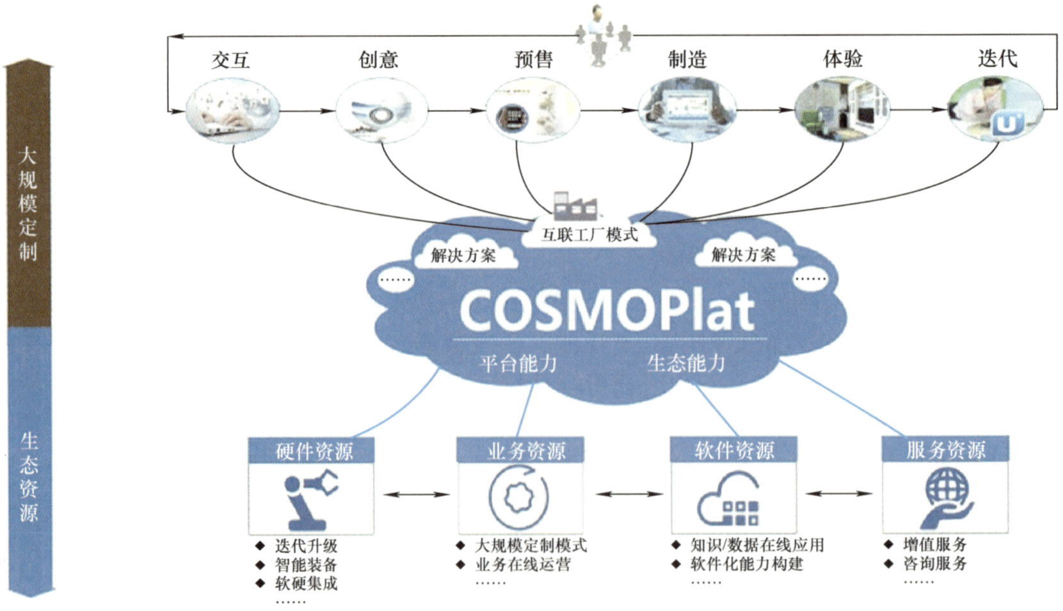


图 3-23　海尔 COSMOPlat 平台

海尔利用 COSMOPlat 将用户需求和整个智能制造体系连接起来，让用户可以全流程参与产品设计研发、生产制造、物流配送、迭代升级等环节，以“用户驱动”作为企业不断创新、提供产品解决方案的原动力，把“企业和用户之间只是生产和消费关系”的传统思维转化为“创造用户终身价值”。截至 2020 年 9 月，COSMOPlat 用户全流程参与的大规模定制模式已在全球 25 个工业园、122 个制造中心及 17 家互联工厂样板中落地实践。

COSMOPlat 平台共分四层：第一层是资源层，开放聚合全球资源，实现各类资源的分布式调度，实现协同制造的最优匹配；第二层是平台层，支持工业应用的快速开发、部署、运行、集成，支撑实现工业技术的软件化；第三层是应用层，将个性化定制过程软件化、云端化，形成全流程的应用解决方案，为企业提供具体的互联工厂等应用服务；第四层是模式层，依托互联工厂应用服务实现模式创新和资源共享，如图 3-24 所示。

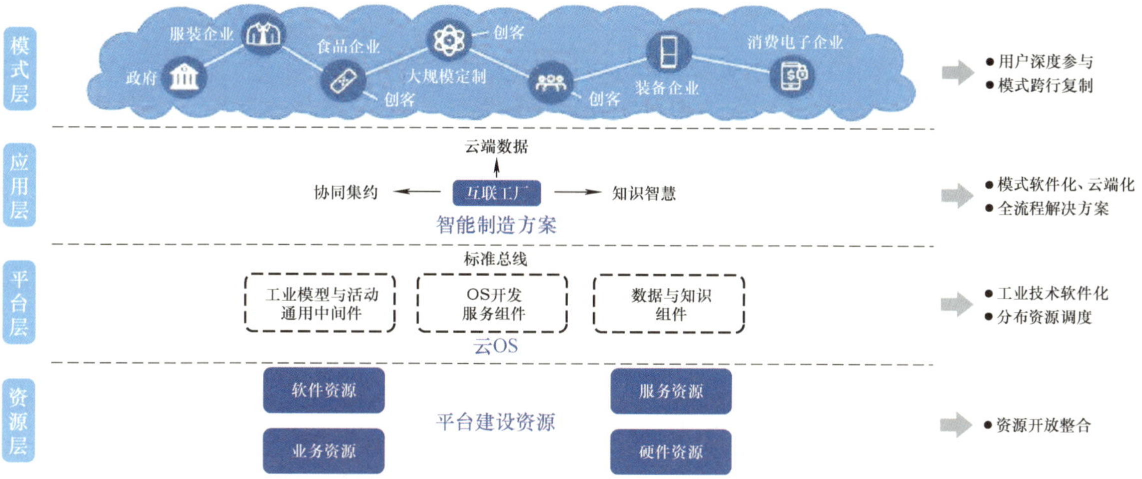


图 3-24　海尔 COSMOPlat 平台架构

## 单元 4　射频识别（RFID）技术

射频识别技术

### 3.4.1　RFID 技术的原理

#### 1. RFID 的定义

射频识别（Radio Frequency Identification，RFID）技术是自动识别技术的一种，通过无线射频方式进行非接触双向数据通信，利用无线射频方式对记录媒体（电子标签或射频卡）进行读写，从而达到识别目标和数据交换的目的，被认为是 21 世纪最具发展潜力的信息技术之一。

目前 RFID 技术最广泛的应用是各类 RFID 标签和卡的读写和管理。利用这项技术可以追踪和管理几乎所有物理对象，越来越多的零售商和制造商开始关注和支持这项技术的发展和应用。

## 2. RFID 的系统结构与工作原理

一套完整的 RFID 系统由阅读器、标签（也称为应答器）和应用软件三部分组成。其工作原理是阅读器发射一特定频率的无线电波能量，用以驱动电路将内部的数据送出，阅读器依序接收解读数据，送给应用程序进行相应的处理。阅读器与标签之间的通信采用无线射频方式进行耦合，识别信息存放在电子数据载体标签中，标签中存放的识别信息由阅读器读写，其识别过程基本原理如图 3-25 所示。

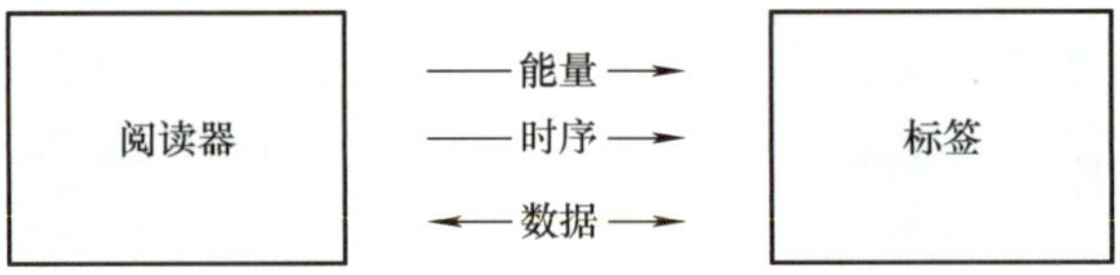


图 3-25 RFID 系统识别过程基本原理

阅读器和标签之间的交互主要靠能量、时序和数据三个方面来完成：

1）阅读器产生射频载波为标签提供工作所需能量。

2）阅读器与标签之间的信息交互通常采用询问-应答的方式进行，所以必须有严格的时序关系，该时序由阅读器提供。

3）阅读器与标签之间可以实现双向数据交换，阅读器给标签的命令和数据通常采用载波间隙、脉冲位置调制、编码解调等方法实现传送。标签存储的数据信息采用对载波的负载调制方式向阅读器传送。

在实践中，由于对距离、速率及应用的要求不同，需要的射频性能也不尽相同，所以射频识别涉及的无线电频率范围很广。根据通信距离，可分为近场和远场，为此，读/写设备和标签之间的数据交换方式也对应地被分为负载调制和反向散射调制。阅读器通过发射天线向周围发射一种特定频率的射频信号，带有能量的射频信号会产生磁场，当标签处在磁场中时，会在内部激发出感应电流，并借助内置的发射天线将存储在芯片中的信息发送出去，阅读器又通过接收天线获得信息，再将信息解码后送到后台主系统进行相关处理。

## 3. RFID 的特征

RFID 作为一种特殊的识别技术，区别于传统的条码、插入式 IC 卡和生物（如指纹）识别技术，主要具有下述特征。

（1）抗干扰性强

它有一个最重要的优点，就是非接触式识别，能在急剧恶劣的环境下工作，穿透力极强，可以快速识别并阅读标签。

（2）RFID 标签的数据容量庞大

它可以根据用户的需求扩充到 10KB，远远高于条形二维码 2725 个数字的容量。

（3）可以动态操作

它的标签数据可以利用编程进行动态修改，并且只要 RFID 标签所附着的物体出现在阅读器的有效识别范围内，就可以实现动态追踪和监控。

（4）使用寿命长

因为其抗干扰性强，所以 RFID 标签不易被破坏，使用寿命很长。

（5）防冲突

在阅读器的有效识别范围内，可以同时读取多个 RFID 标签。

（6）安全性高

RFID 标签可以以任何形式附着在产品上，可以为标签数据进行密码加密，提高了安全性。

（7）识别速度快

只要 RFID 标签进入阅读器的有效识别范围内，就马上开始读取数据，一般情况下读取时间不超过 100ms。

RFID 通过无线电波快速信息交换和存储技术，结合数据访问技术连接数据库系统，实现非接触式的双向通信，从而达到了物理识别的目的，可以对企业的供应链进行全透明管理，有效降低了企业成本。

### 3.4.2 RFID 技术的产品分类

RFID 技术所衍生的产品可概括为三大类：无源 RFID 产品、有源 RFID 产品和半有源 RFID 产品。

**1. 无源 RFID 产品**

在三类 RFID 产品中，无源 RFID 产品出现得最早，发展最成熟，其应用也最为广泛。在无源 RFID 产品中，电子标签通过接收 RFID 阅读器传输来的微波信号，以及通过电磁感应线圈获取能量来对自身短暂供电，从而完成此次信息交换。因为省去了供电系统，所以无源 RFID 产品的体积可以达到厘米量级甚至更小，而且自身结构简单、成本低、故障率低、使用寿命较长。但作为代价，无源 RFID 产品的有效识别距离通常较短，一般用于近距离的接触式识别。无源 RFID 产品主要工作在低频 125kHz、高频 13.56MHz、超高频 433MHz、860～960MHz 等频段。其典型应用包括公交卡、二代身份证、银行卡、宾馆门禁卡、食堂餐卡等。

**2. 有源 RFID 产品**

有源 RFID 产品通过外接电源供电，主动向 RFID 阅读器发送信号。其体积相对较大，但也因此拥有了较长的传输距离与较高的传输速度，这使得它在一些需要高性能、大范围的射频识别应用场合必不可少，如智能监狱、智能医院、智能停车场、智能交通 ETC、智慧城市、智慧地球及物联网等领域。有源 RFID 产品电子标签能在百米之外与 RFID 阅读器建立联系，读取率可达 1700 次/s。有源 RFID 主要工作在 900MHz、2.45GHz、5.8GHz 等较高频段，且具有可以同时识别多个电子标签的功能。有源 RFID 产品的远距性属于远距离自动识别类。

**3. 半有源 RFID 产品**

无源 RFID 产品自身不供电，但有效识别距离太短，有源 RFID 产品识别距离足够长，但需外接电源，体积较大，而半有源 RFID 产品就是为这一矛盾而生的产物。半有源 RFID

技术又称为低频激活触发技术，在通常情况下，半有源 RFID 产品处于休眠状态，仅对标签中保持数据的部分进行供电，因此耗电量较小。当标签进入 RFID 阅读器识别范围后，阅读器先以 125kHz 低频信号在小范围内精确激活标签使之进入工作状态，再通过 2.4GHz 微波与其进行信息传递。也即是说，先利用低频信号近距离激活精确定位，再利用高频信号远距离识别及快速传输数据。其通常应用场景：在一个高频信号所能覆盖的大范围中，在不同位置安置多个低频阅读器用于激活半有源 RFID 产品。这样既完成了定位，又实现了信息的采集与传递。

### 3.4.3 RFID 技术的应用

RFID 技术具有抗干扰性强以及无须人工识别的特点，借助 RFID 技术在识别、感知、联网、定位等方面的强大功能，将 RFID 技术与制造技术相结合，可有效提升制造效率、制造品质和企业管理水平。RFID 技术在智能制造中的应用主要有以下几个方面。

#### 1. 基于 RFID 技术的数字化车间

RFID 在数字化车间中的应用主要包括产品管理、设备智能维护、车间混流制造。采用 RFID 技术可实现产品与主机之间的信息交互、产品的可视化跟踪管理、元器件寿命定量监控与预测。此外，可通过集成 RFID 技术的智能传感器在线监测设备关键部位运转情况，并通过网络与后台服务器通信，实现加工设备性能特征的在线监测、运行状态评估与风险预警、设备早期故障诊断与专家支持；可通过工业现场总线网络与 MES 等系统集成实现工艺路线、加工装备、加工程序等智能选择、加工/装配状态可视化跟踪以及生产过程的实时监控。

#### 2. 基于 RFID 技术的智能产品全生命周期管理

智能化是机电产品未来发展的重要方向和趋势。产品智能化的关键之一，在于如何实现其全生命周期信息的快速获取和共享。RFID 技术与传感器技术的有效集成能实时、高效地获取产品在加工、装配、服役等阶段的状态信息，同时通过网络传输使生产商及时掌握所生产的产品全生命周期的工况信息，为制造企业后台服务支撑、远程指令下达以及用户的个性化设计改进提供有力的数据支持。目前，这一技术已经在工程机械、智能家电等领域得到成功应用，展现出良好的应用前景。

#### 3. 基于 RFID 技术的制造物流智能化

将 RFID 系统与制造企业自动出入库系统集成，可实现在制品和货品出入库自动化与货品批量识别。另外，RFID 技术和 GPS 技术的集成，可以实现制造企业在制品精确定位，同时通过网络传输实现物流信息共享与产品全程监控，从而优化企业采购过程。将智能物流系统与企业 ERP（企业管理软件）、MES（生产执行系统）系统无缝对接，可以实现快速响应订单并降低产品库存，提升制造企业在制品物流管理的智能化水平。目前，RFID 技术已经在车间物流管理、供应链管理及物流园管理中得到成功应用，可进一步推广应用到制造企业全物流管理系统中。

将 RFID 技术应用于智能制造领域，将促进智能制造技术的发展，拓展智能制造的研究领域，加快智能制造领域的技术创新，逐步减少高品质产品制造对专家的依赖性，彻底改变现有生产方式和制造业竞争格局。

# 单元 5 机器视觉识别技术

机器视觉识别技术

## 3.5.1 机器视觉识别技术概述

### 1. 机器视觉识别的定义

机器视觉是人工智能正在快速发展的一个分支，是用机器代替人眼来进行测量和判断。机器视觉识别技术是一项综合技术，是包含图像处理、机械工程技术、控制、电光源照明、光学成像、传感器、模拟与数字视频技术、计算机软硬件技术、模式识别等诸多领域的交叉学科。机器视觉识别主要从客观事物的图像中提取信息，进行处理并加以理解，最终应用于实际检测、测量和控制。机器视觉识别技术具有识别速度快、信息量大、功能多等特点。

在大批量工业生产过程中，用人工视觉检查产品质量效率低且精度不高，用机器视觉检测可以大大提高生产率和生产的自动化程度，且机器视觉易于实现信息集成，是实现计算机集成制造的基础技术。

### 2. 机器视觉识别的工作原理

一个典型的机器视觉应用系统包括图像捕捉、光源系统、图像数字化模块、数字图像处理模块、智能判断决策模块和机械控制执行模块。机器视觉系统是通过机器视觉产品（即图像摄取装置，分 CMOS 和 CCD 两种）将被摄取目标转换成图像信号，传送给专用的图像处理系统，图像处理系统得到被摄目标的形态信息，根据像素分布、亮度、颜色等信息，转变成数字化信号。图像处理系统软件将获取的物品图像与预先摄取并存储于图像数据库的物品信息进行比较，搜寻与获取物品信息相匹配的存储图像以进行各种运算来抽取目标的特征，如面积、数量、位置、长度，再根据预设的允许度和其他条件（包括尺寸、角度、个数、合格/不合格、有/无等输出结果）实现自动识别，进而根据识别的结果来控制现场的设备动作。机器视觉识别工作原理示意图如图 3-26 所示。

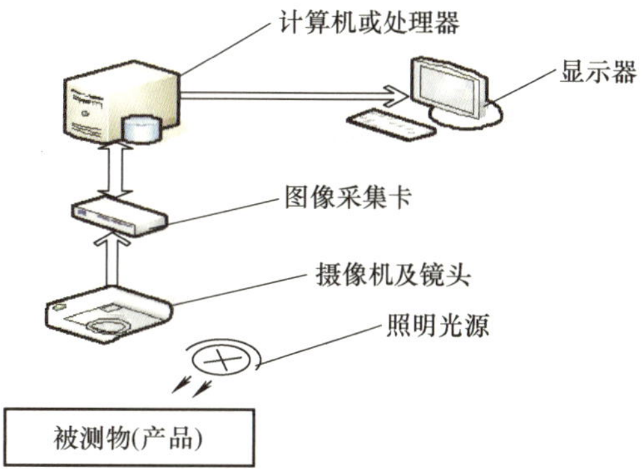


图 3-26 机器视觉识别工作原理示意图

机器视觉识别系统可以提高生产的灵活性和自动化程度。在一些不适于人工作业的危险工作环境或人工视觉难以满足要求的场合，常用机器视觉来替代人工视觉。同时，在大批量重复性工业生产过程中，用机器视觉检测可以大大提高生产率和自动化程度。随着机器视觉识别技术的不断进步，机器视觉通过智能化的算法，可以将工件识别精准率提高到99%甚至100%。目前越来越多的科技公司开始涉及图像识别领域，这标志着读图时代正式到来，并且将引领我们进入更加智能的未来。

### 3.5.2 机器视觉识别的关键技术

机器视觉识别系统根据其不同应用场景而千差万别。机器视觉识别系统本身有多种不同的展现形式，但核心部分是一致的，包括图像采集（含光源、光学成像、数字图像获取与传输）、图像处理与图像分析等，其涉及的关键技术有以下几方面。

**1. 照明光源**

照明直接作用于系统的原始输入，对输入数据质量的好坏有直接的影响。由于被测对象、环境和检测要求千差万别，因而不存在通用的机器视觉照明设备，需要针对每个具体的应用来设计相应的照明方案。设计时，主要考虑物体本身特征的光学特性、距离、背景，根据检测要求选择光的强度、颜色和光谱组成均匀性、光源的形状、照射方式等。目前使用的照明光源主要包括高频荧光灯、卤素灯和 LED 等。

**2. 镜头**

在机器视觉系统中，镜头相当于人的眼睛，其主要作用是将目标光学图像聚焦在图像传感器（相机）的光敏面阵上。视觉系统处理的所有图像信息均通过镜头得到，镜头的质量直接影响到视觉系统的整体性能。选择镜头时，应注意考虑分辨率、焦距、光圈、景深、成像尺寸、视场角、畸变等。合理选择镜头、设计成像光路是视觉系统的关键技术之一。镜头成像或多或少会存在畸变，应选用畸变小的镜头，有效视场只取畸变较小的中心视场。此外，受镜头镀膜的干涉特性和材料的吸收特性影响，要求尽量做到镜头最高分辨率的光线应与照明波长、CCD 器件接受波长相匹配，并尽可能提高光学镜头对该波长的光线透过率。

**3. 高速摄像机**

摄像机是一个光电转换器件，它将光学成像系统所形成的光学图像转换成视频/数字电信号。通常，摄像机由核心光电转换器件、外围电路、输出控制接口组成。固态图像传感器主要有五种类型：电荷耦合器件（Charge Coupled Device，CCD）、电荷注入检测器件（Charge Injection Device，CID）、金属-氧化物半导体（MOS）、电荷引发器件（CPD）和叠层型摄像器件。相机按照不同标准可分为标准分辨率数字相机和模拟相机、单色相机和彩色相机等。要根据不同的实际应用场合选择不同的相机，除考察其光电转换器件外，还应考虑系统速度、检测的视野范围、系统所要达到的精度等因素。

**4. 图像采集处理卡**

在机器视觉系统中，摄像机输出的模拟视频信号并不能被计算机直接识别，需要通过图像采集卡将模拟视频信号数字化，形成计算机能直接处理的数字图像，并提供与计算机的高速接口。图像采集卡是进行视频信息量化处理的重要工具，主要完成对模拟视频信号的数字化过程。视频信号首先经低通滤波器滤波，转换为在时间上连续的模拟信号；按照应用系统对图像分辨率的要求，用采样/保持电路对视频信号在时间上进行间隔采样，把视频信号转换为离散的模拟信号；然后再由 A/D 转换器转换为数字信号输出。而图像采集/处理卡在具有模/数转换功能的同时，还具有对视频图像进行分析、处理的功能，并同时可对相机进行有效的控制。

**5. 视觉处理软件**

在机器视觉系统中，视觉信息的处理技术主要依赖于视觉处理方法，视觉处理软件可以分为图像预处理和特征分析两个层次。图像预处理包括图像增强、数据编码和传输、平滑、边缘锐化、分割、特征抽取、图像识别与理解等内容。经过这些处理后，输出图像的质量得到相当程度的改善，既改善了图像的视觉效果，又便于计算机对图像进行分析、处理和识别。图像特征分析是对目标图像进行检测和各种物理量的计算，以获得对目标图像的客观描述，主要包括图像分割、特征提取（几何形状、边界描述、纹理特性）等。机器视觉中常用的算法包括搜索、边缘（ Edge）、Blob 分析、卡尺工具（Caliper Tool）、光学字符识别、色彩分析等。

6. 硬件处理平台

从硬件平台的角度说，计算机在 CPU 和内存方面的改进给视觉系统提供了很好的支撑，多核 CPU 配合多线程的软件可以成倍提高速度。伴随 DSP、FPGA 技术的发展，嵌入式处理模块以其强大的数据处理能力、集成性模块化和无须复杂操作系统支持等优点而得到越来越多的重视。

### 3.5.3 机器视觉识别在智能制造中的应用

机器视觉技术伴随计算机技术与现场总线技术的发展，已日臻成熟，成为现代加工制造业不可或缺的部分，广泛应用于食品饮料、化妆品、制药、建材、化工、金属加工、电子制造、包装、汽车制造等行业的各个方面。

机器视觉的应用优势在于无须与被测物体进行接触，因此被测物体和测量装置在操作过程中都不会发生损坏，这是一种相对更安全可靠的检测手段。此外，测量装置的适用范围和互换性都非常广泛，不仅仅局限于某一类物体。就理论而言，机器视觉技术甚至可以用来探测人眼无法观察到的部分，如红外线、微波、超声波等，通过传感器可以将这些信息进行捕获和处理，从而拓展了人类的视觉范围。相对机器视觉而言，人类视觉容易受到个体状态的影响，难以进行长时间的观测，在恶劣环境下表现不理想，因此，机器视觉技术常常用于长时间检测和在线处理，以及人类无法工作的极端环境下。

正是因为这些特性，机器视觉技术被广泛应用于工业生产的各个环节。在智能制造体系中，机器视觉的应用主要可以归纳为四个方向：尺寸测量、物体定位、零件检测、图像识别。

1. 尺寸测量

随着制造工艺的不断提高，工业产品尤其是构件的外形设计日趋复杂，给传统的测量方式带来了巨大的困扰。机器视觉测量技术是一种基于光学成像、数字图像处理、计算机图形学的无接触测量方式，拥有严密的理论基础，测量范围更广，而且相对于传统测量方式而言，拥有更高的测量精度和效率。

如图 3-27 所示，客户检测功能要求：①检测金属片件孔径尺寸、距离、位置度是否符合标准；②检测精度要求为 0.01mm；③金属薄片大小 30mm × 30mm，要求在 10s 检测完成；④结果可再现，并且颜色报警。

其检测过程：①应用计算机图像处理技术，通过对工件图像实施整屏影像扫描，捕获被测工件轮廓边缘的点云数据；②由 INSPECT ONLINE 在线检测软件对点云数据进行排序整理、形线识别、分类计算等处理，获取被测件的测量参数；③根据理论参数要求与被测工件

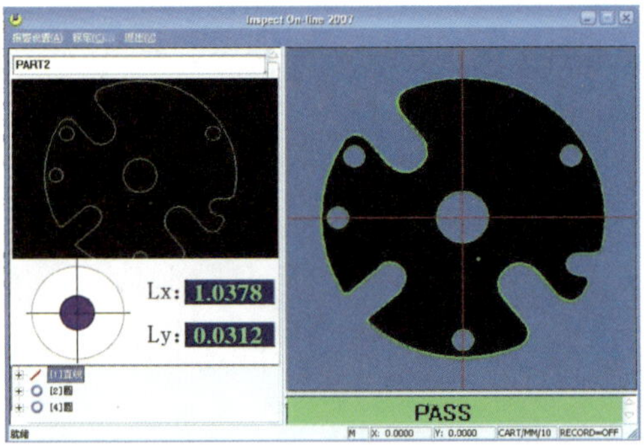


图3-27 金属片件的机器视觉识别

的实测数据由 INSPECT ONLINE 在线检测软件进行比对分析判断，在必要时给出评判结果；④根据评判结果给出（合格）安全或（不合格）报警信号。

2. 物体定位

传统制造业中的焊接、搬运、装配等固定流程正在逐步被工业机器人取代，这些步骤对于工业机器人来说，只需要生成指定的程序，然后按照程序依次执行即可。在机器人的操作过程中，零件的初始状态（如位置和姿态等）与机器人的相对位置并不是固定的，这导致工件的实际摆放位置和理想加工位置存在差距，机器人难以按照原定的程序进行加工，随着机器视觉技术以及更灵活的机器手臂的出现，这个问题得到了很好的解决，为智能制造的迅速发展提供了动力，如图3-28所示。

图3-28 物体定位中的机器视觉识别

### 3. 零件检测

零件检测是机器视觉技术在工业生产中最重要的应用之一。在制造生产的过程中，几乎所有的产品都面临着质量检测。传统的手工检测存在着许多不足：首先，人工检测的准确性依赖于工人的状态和熟练程度；其次，人工操作效率相对较低，不能很好地满足大量生产检测的要求；人工成本在逐步上升。所以，机器视觉技术被广泛用于产品检测中，主要的应用包括存在性检测和缺陷检测。零件检测中的机器视觉识别如图 3-29 所示。

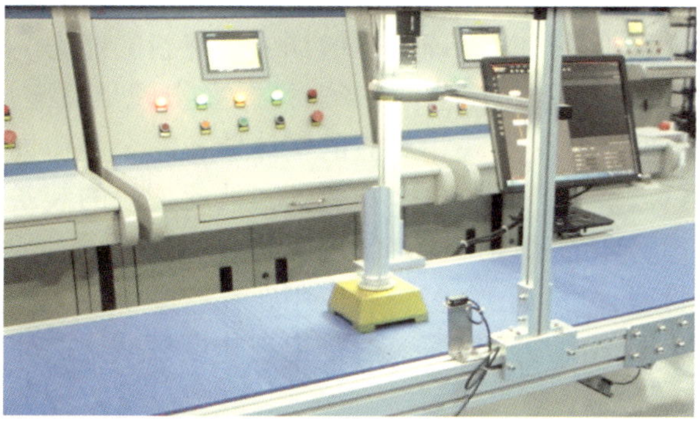

图 3-29 零件检测中的机器视觉识别

### 4. 图像识别

图像识别是利用机器视觉技术中的图像处理、分析和理解功能准确识别出一类预先设定的目标或者物体的模型。在工业领域中，图像识别的主要应用有条形码读取、二维码扫描识别等。以往多用 NFC 标签等载体进行信息读取，需要与产品进行近距离接触，而随着工业摄像机等硬件设备的更新换代，二维码等标识可以被远距离读取和识别，而且携带的信息更丰富，可以将所有产品信息写入二维码，而无须联网查询信息。图 3-30 所示为机器视觉识别在产线中的应用。

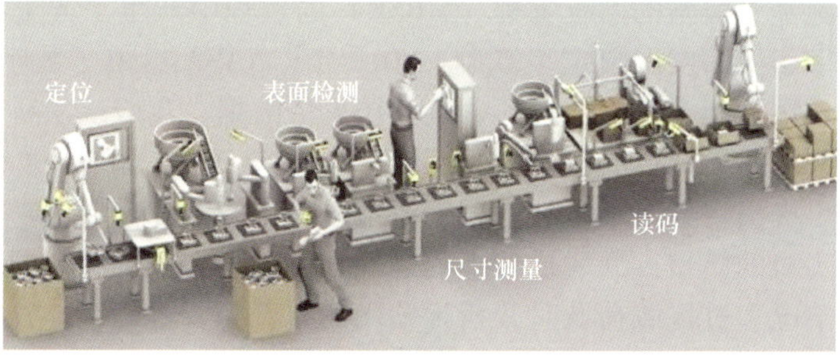


图 3-30 机器视觉识别在产线中的应用

## 单元 6 数字孪生技术

数字孪生技术

如今，数字化技术正在不断地改变每一个企业，未来，所有的企业都将成为数字化企业。这不仅是要求企业开发出具备数字化特征的产品，而且是通过数字化手段改变整个产品的设计、开发、制造和服务过程，并通过数字化手段连接企业的内部和外部环境。

### 3.6.1 数字孪生技术概述

#### 1. 数字孪生的定义

数字孪生（Digital Twin）又称为数字双胞胎、数字化双胞胎等，是以数字化方式创建物理实体的虚拟模型，借助数据模拟物理实体在现实环境中的行为，通过虚实交互反馈、数据融合分析、决策迭代优化等手段为物理实体增加或扩展新的能力。数字孪生充分利用物理模型、传感器更新、运行历史等数据，集成多学科、多物理量、多尺度、多概率的仿真过程，在虚拟空间中完成映射，从而反映相对应的实体装备的全生命周期过程。数字孪生是一种超越现实的概念，可以被视为一个或多个重要的、彼此依赖的装备系统的数字映射系统。

数字孪生是基于物理实体的系统描述，实现对跨越整个系统生命周期可信来源的数据、模型和信息进行创建、管理，可以在众多领域应用，在产品设计、产品制造、医学分析、工程建设等领域应用较多。在国内应用最深入的是工程建设领域，关注度最高、研究最热的是智能制造领域。

#### 2. 数字孪生的原理

2002 年，密歇根大学教授迈克尔·格里夫斯在发表的一篇文章中第一次提出了数字孪生概念，命名为“信息镜像模型”（Information Mirroring Model），而后演变为“数字孪生”这一术语。他认为，通过物理设备的数据，可以在虚拟（信息）空间构建一个表征该物理设备的虚拟实体和子系统，并且这种联系不是单向和静态的，而是在整个产品的生命周期中都联系在一起。显然，这个概念不仅仅指的是产品的设计阶段，而且延展至生产制造和服务阶段，但由于当时的数字化手段有限，数字孪生的概念也只是停留在产品的设计阶段，通过数字模型来表征物理设备的原型。

数字孪生也被称为数字化映射。数字孪生是在 MBD（三维标注技术）基础上深入发展起来的，企业在实施基于模型的系统工程（MBSE）的过程中产生了大量物理的、数学的模型，这些模型为数字孪生的发展奠定了基础。2012 年，NASA 给出了数字孪生的概念描述：数字孪生是指充分利用物理模型、传感器、运行历史等数据，集成多学科、多尺度的仿真过程，它作为虚拟空间中对实体产品的镜像，反映了相对应物理实体产品的全生命周期过程。

美国国防部最早提出将数字孪生技术用于航空航天飞行器的健康维护与保障。首先，在数字空间建立真实飞机的模型，并通过传感器实现与飞机真实状态完全同步，这样每次飞行后，根据解构现有情况和过往载荷及时分析评估飞机是否需要维修，能否承受下次的任务载荷等。

进入 21 世纪，美国和德国均提出了 Cyber-Physical Systems（CPS），也就是信息物理系统，作为先进制造业的核心支撑技术。CPS 的目标就是实现物理世界和信息世界的交互融合。通过大数据分析、人工智能等新一代信息技术在虚拟世界的仿真分析和预测，以最优的结果驱动物理世界的运行。数字孪生的本质是信息世界对物理世界的等价映射，因此数字孪生更好地诠释了 CPS，成为实现 CPS 的最佳技术。

数字孪生最为重要的启发意义在于，它实现了现实物理系统向赛博空间数字化模型的反馈，这是一次工业领域中逆向思维的壮举。人们试图将物理世界发生的一切投入到数字空间中。只有带有回路反馈的全生命跟踪才是真正的全生命周期概念。这样，就可以真正在全生命周期范围内保证数字与物理世界的协调一致。各种基于数字化模型进行的仿真、分析、数据积累、挖掘，甚至人工智能的应用，都能确保它与现实物理系统的适用性。这就是数字孪生对智能制造的意义所在。

3. 数字孪生的基本组成

2011 年，迈克尔·格里夫斯教授在《几乎完美：通过 PLM 驱动创新和精益产品》中给出了数字孪生的三个组成部分：物理空间的实体产品、虚拟空间的虚拟产品、物理空间和虚拟空间之间的数据和信息交互接口。

在“2016 西门子工业论坛”上，西门子认为数字孪生的组成包括产品数字化双胞胎、生产工艺流程数字化双胞胎、设备数字化双胞胎，数字孪生完整真实地再现了整个企业。北京理工大学的庄存波等也从产品的视角定义了数字孪生的主要组成，包括产品的设计数据、产品工艺数据、产品制造数据、产品服务数据以及产品退役和报废数据等。两者从产品的角度都给出了数字孪生的组成定义，并且西门子是以它的产品全生命周期管理系统（Product Lifecycle Management，PLM）为基础，在制造企业推广它的数字孪生相关产品。

## 3.6.2 数字孪生技术的架构

1. 数字孪生系统架构

数字孪生技术通过构建物理对象的数字化镜像，描述物理对象在现实世界中的变化，模拟物理对象在现实环境中的行为和影响，以实现状态监测、故障诊断、趋势预测和综合优化。

为了构建数字化镜像并实现上述目标，需要 IoT、建模、仿真等基础支撑技术通过平台化的架构进行融合，搭建从物理世界到孪生空间的信息交互闭环。整体来看，一个典型的数字孪生系统应包含用户域、数字孪生体、测量与控制实体、现实物理域和跨域功能实体五个层级，如图 3-31 所示。

第一层是使用数字孪生体的用户域，包括人、人机接口、应用软件，以及其他相关数字孪生体，主要以可视化技术和虚拟现实技术为主，承担人机交互的职能。

第二层是与物理实体目标对象对应的数字孪生体。它是反映物理对象某一视角特征的数字模型，并提供建模管理、仿真服务和孪生共智三类功能。建模管理、仿真服务和孪生共智之间传递物理对象的状态感知、诊断和预测所需的信息。依托通用支撑技术实现模型构建与融合、数据集成、仿真分析、系统扩展等功能，是生成孪生体并拓展应用的主要载体。

第三层是处于测量控制域、连接数字孪生体和物理实体的测量与控制实体，实现物理对象的状态感知和控制功能。主要涵盖感知、控制、标识等技术，承担孪生体与物理对象间上行感知数据的采集和下行控制指令的执行。

第四层是与数字孪生体对应的物理实体目标对象所处的现实物理域，测量与控制实体和现实物理域之间有测量数据流和控制信息流的传递。

2. 数字孪生基础技术

1）感知：感知是数字孪生体系架构中的底层基础。在一个完备的数字孪生系统中，对

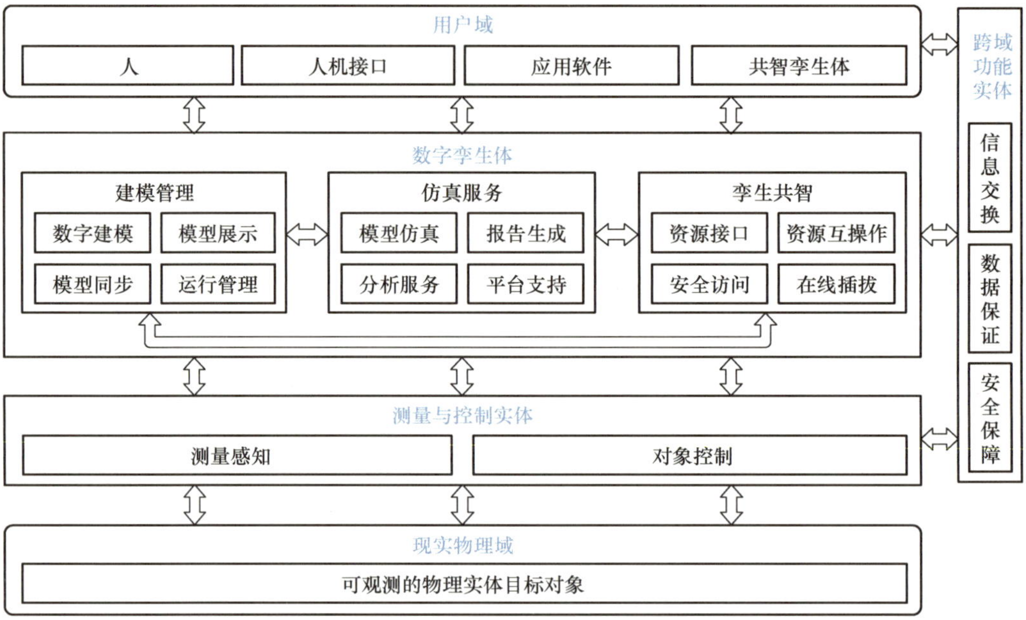


图 3-31　数字孪生系统的通用参考架构

运行环境和数字孪生组成部件自身状态数据的获取，是实现物理对象与其数字孪生系统间全要素、全业务、全流程精准映射与实时交互的重要一环。因此，数字孪生体系对感知技术提出了更高的要求，为了建立全域全时段的物联感知体系，并实现物理对象运行态势的多维度、多层次精准监测，感知技术不但需要更精确可靠的物理测量技术，还需要考虑感知数据间的协同交互，明确物体在全域的空间位置及唯一标识，并确保设备可信可控。

2）网络：网络是数字孪生体系架构的基础设施。在数字孪生系统中，网络可以对物理运行环境和数字孪生组成部件自身信息交互进行实时传输，是实现物理对象与其数字孪生系统间实时交互、相互影响的前提。网络既可以为数字孪生系统的状态数据提供增强能力的传输基础，满足业务对超低时延、高可靠、精同步、高并发等关键特性的演进需求，也可以助推物理网络自身实现高效率创新，有效降低网络传输设施的部署成本和运营效率。

伴随物联网技术的兴起，通信模式不断更新，网络承载的业务类型、网络所服务的对象、连接到网络的设备类型等呈现出多样化发展，要求网络具有较高灵活性；同时，伴随移动网络深入楼宇、医院、商超、工业园区等场景，物理运行环境对确定性数据传输、广泛的设备信息采集、高速率数据上传、极限数量设备连接等需求愈加强烈，这也相应要求物理运行环境必须打破以前“黑盒”和“盲哑”的状态，让现场设备、机器和系统能够更加透明和智能。因此，数字孪生体系架构需要更加丰富和强大的网络接入技术，以实现物理网络的极简化和智慧化运维。

### 3. 数字孪生关键技术

1）建模：数字孪生的建模是将物理世界的对象数字化和模型化的过程。通过建模将物理对象表达为计算机和网络所能识别的数字模型，对物理世界或问题的理解进行简化和模型化。数字孪生建模需要完成多领域、多学科模型融合以实现物理对象各领域特征的全面刻画，建模后的虚拟对象会表征实体对象的状态，模拟实体对象在现实环境中的行为，分析物理对象的未来发展趋势。建立物理对象的数字化建模技术是实现数字孪生的源头和核心技术，也是“数字化”阶段的核心。而模型实现方法研究主要涉及建模语言和模型开发工具等，关注如何从技术上实现数字孪生模型。在模型实现方法上，相关技术方法和工具呈多元化发展趋势。当前，数字孪生建模语言主要有 Modelica、AutomationML、UML、SysML 及 XML 等。一些模型采用通用建模工具（如 CAD 等）开发，更多模型的开发是基于专用建模工具（如 FlexSim 和 Qfsm 图形化状态机设计等）。

2）仿真：数字孪生体系中的仿真作为一种在线数字仿真技术，以将包含确定性规律和完整机理的模型转化成软件的方式来模拟物理世界。只要模型正确，并拥有了完整的输入信息和环境数据，就可以基本正确地反映物理世界的特性和参数，验证和确认对物理世界或问题理解的正确性和有效性，如图 3-32 所示。

a) 飞机气动仿真

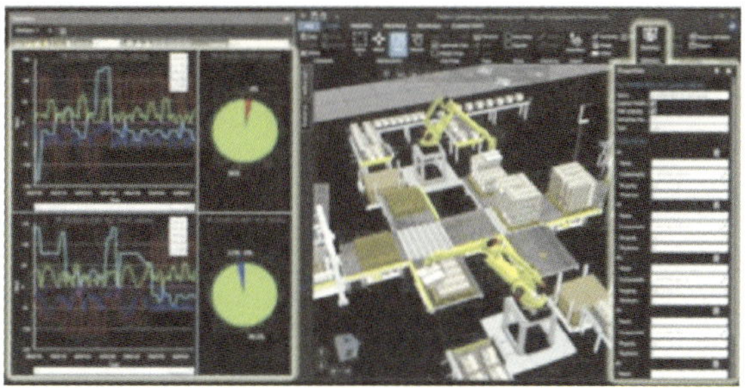

b) 工厂仿真

图 3-32　制造场景下的仿真示例

从仿真的视角，数字孪生技术中的仿真属于一种在线数字仿真技术。可以将数字孪生理解为：针对物理实体建立相对应的虚拟模型，并模拟物理实体在真实环境下的行为。和传统的仿真技术相比，更强调物理系统和信息系统之间的虚实共融和实时交互，是贯穿全生命周期的高频次并不断循环迭代的仿真过程。因此，仿真技术不再仅仅用于降低测试成本，通过打造数字孪生，仿真技术的应用将扩展到各个运营领域，甚至涵盖产品的健康管理、远程诊断、智能维护、共享服务等应用。基于数字孪生可对物理对象通过模型进行分析、预测、诊断、训练等（即仿真），并将仿真结果反馈给物理对象，从而对物理对象进行优化和决策。因此，仿真技术是创建和运行数字孪生体，保证数字孪生体与对应物理实体实现有效闭环的核心技术。

3）数字线程：数字线程在产品生命周期阶段在数据和流程之间架起桥梁。使用数字线程，可以捕获每个步骤中的相关数据，然后将其反馈给工程师。系统和设计工程师可以利用有关上下文问题和现场性能的信息，作为后续措施去重新设计甚至改善产品的设计和功能。数字线程将整个组织的资产、系统和流程连接起来，以呈现信息流的详细、虚拟视角。它是智能工厂的一个关键加速器。

从数字线程收集的信息是改善 KPI（关键绩效考核指标）的有效方法，包括缩短上市时间、减少开发和运营成本及改善客户需求。制造商可以利用物联网、人工智能、大数据分析和新的业务模型来构建产品，并使用生成的数据销售服务和产品。

数字线程可以连接产品并处理数字孪生，这样就可以涵盖产品的整个生命周期。然后可以将物理产品的数字模型识别为一种数字信息的端到端可追溯性载体，将性能和过程数据通过 IoT 平台实时传输到 PLM。对于用户而言，该值来自数据分析输出。输出基于 AI/ ML，以非接触方式将其转化为信息。数字线程通过强大的端到端互联系统模型和基于模型的系统工程流程来支撑和支持。

由数字线程驱动的整体数字战略，通过消除不同团队和系统之间的摩擦和数据损失，帮助制造商加快发展。通过数字线连接 ERP、EMS（电子制造服务）、MES 和 MOM（制造运营管理）系统的数据，信息可以在系统之间流动，为制造商提供信息并优化业务驱动流程。数字线程可以用来虚拟调试新的生产线。相比将机器用螺栓固定在地板上时再调试生产线，制造商可以通过数字孪生技术验证制造过程和调试 PLC 代码，确保操作顺利进行。数字线程示意图如图 3-33 所示。

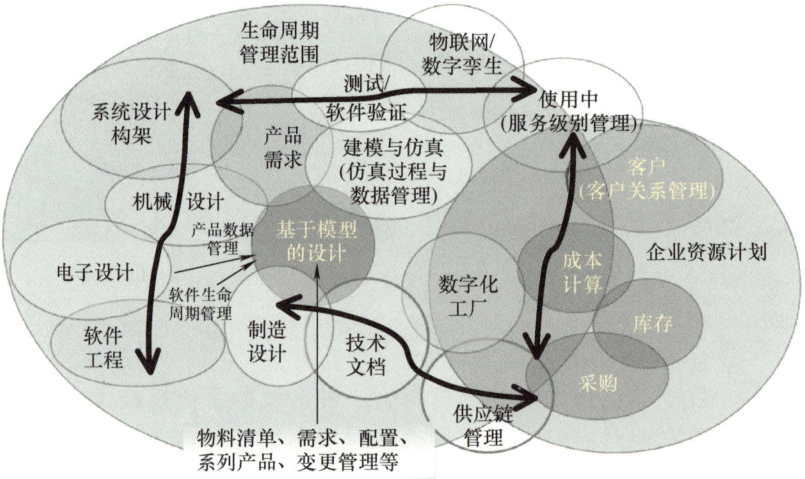


图 3-33　数字线程示意图

数字线程是与某个或某类物理实体对应的若干数字孪生体之间的沟通桥梁，这些数字孪生体反映了该物理实体不同侧面的模型视图。数字孪生体与数字线程的关系如图 3-34 所示。从图中可以看出，能够实现多视图模型数据融合引擎是数字线程技术的核心。数字线程能有效地评估系统在其生命周期中的当前和未来能力，在产品开发之前，通过仿真的方法及早发现系统性能缺陷，优化产品的可操作性、可制造性、质量控制，以及在整个生命周期中应用模型实现可预测维护。

### 3.6.3　数字孪生的应用及发展趋势

目前已经有十多个行业（包括电力、医疗健康、城市管理、铁路运输、环保、汽车、船舶、建筑等）关注并开展了关于数字孪生技术的应用实践；西门子、PTC、戴姆勒等世界

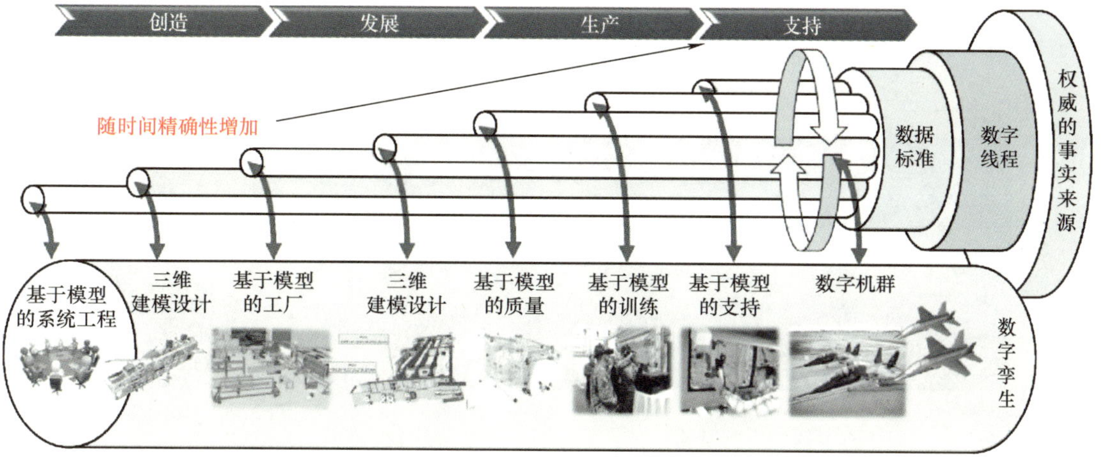


图 3-34 数字孪生体与数字线程的关系

一流企业和美国 NASA、法国国家科学研究中心、俄罗斯科学院等世界顶尖科研机构的专家和学者探索了数字孪生在制造领域的应用。

与发达国家相比，中国虽然对数字孪生的关注和研究相对较晚，但到 2019 年已加速研发。随着工信部的“智能制造综合标准化与新模式应用”“工业互联网创新发展工程”，以及科技部“网络化协同制造和智能工厂”等专项的实施，企业和研究院所建立了人才实训基地和行业核心智库，培养并持续为行业输出关于数字孪生技术的复合型人才。

### 1. 数字孪生在航空航天领域的应用

多年前在汽车、飞机等复杂产品工程领域出现的“数字样机”的概念，就是对数字孪生的一种先行实践活动。

数字样机最初是指在 CAD 系统中通过三维实体造型和数字化预装配后得到一个可视化的产品数字模型（几何样机），可以用于协调零件之间的关系，进行可制造性检查，因此可以基本上代替物理样机的协调功能。随着数字化技术的发展，数字样机的作用在不断增强，人们在预装配模型上进行运动、人机交互、空间漫游、机械操纵等飞机功能的模拟仿真。之后又进一步与机器的各种性能分析计算技术结合起来，使之能够模拟仿真出机器的各种性能。因此，将数字样机按其作用从几何样机扩展到功能样机和性能样机。

以复杂产品研制而著称的飞机行业，在数字样机的应用上走在了全国前列。某些型号飞机研制工作在 20 世纪末就已经围绕着数字样机展开。数字样机几乎承载了完整的产品信息。因此，人们可以通过数字样机进行飞机方案的选择，利用数字样机进行可制造的各种仿真，在数字样机上检查未来飞机的各种功能和性能，找出需要改进的地方，最终创建出符合要求的“数字飞机”，并将其交给工厂进行生产，制造成真正的物理飞机，从而完成整个研制过程。

无论是几何样机、功能样机，还是性能样机，都属于数字孪生的范畴。数字孪生这一术语虽然出现的时间不长，但数字孪生技术内涵的探索与实践在 21 世纪初就已经开始并且取得了相当多的成果。

例如，中国航空工业集团第一飞机研究院在21世纪初开发的飞豹全数字样机与已经服役的飞机形成了简明意义上的“数字孪生”（尽管当时没有这个术语）关系，如图3-35所示。

图3-35 飞豹全数字样机与服役飞机

波音公司为F-15C型飞机创建了数字孪生体，不同工况条件、不同场景的模型都可以在数字孪生体上加载，每个阶段、每个环节都可以衍生出一个或多个不同的数字孪生体，从而对飞机进行全生命周期各项活动的仿真分析、评估和决策，让物理产品获得更好的可制造性、装配性、检测性和保障性，如图3-36所示。

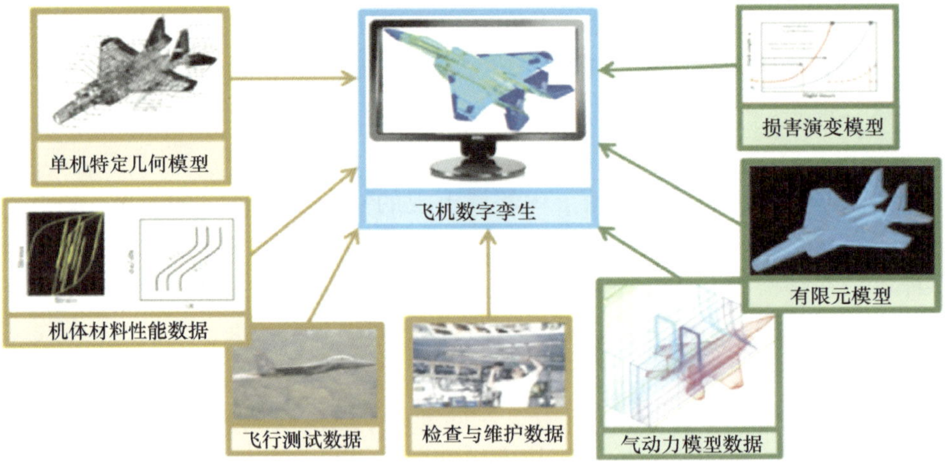


图3-36 波音公司数字孪生体应用案例

### 2. 数字孪生在装备制造领域的应用

机床是制造业中的重要设备。随着客户对产品质量要求的提高，机床也面临着提高加工精度、减少次品率、降低能耗等严苛的要求。在欧盟领导的欧洲研究和创新计划项目中，研究人员开发了机床的数字孪生体，以优化和控制机床的加工过程，如图3-37所示。

除了常规的基于模型的仿真和评估之外，研究人员使用开发的工具监控机床加工过程，并进行直接控制。采用基于模型的评估，结合监视数据改进制造过程的性能。通过控制部件的优化来维护操作、提高能源效率、修改工艺参数，从而提高生产率，确保机床重要部件在下次维修之前都保持良好状态。

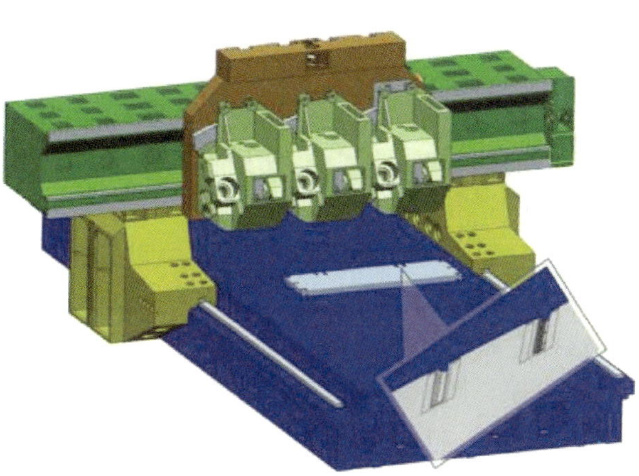

图 3-37　数字孪生机床

利用 CAD 和 CAE 技术建立数字孪生机床液压控制系统动力学模型，如图 3-38 所示。这些模型能够计算材料去除率和毛边的厚度变化，以及预测刀具破坏的情况。除了优化刀具加工过程中的切削力外，还可以模拟刀具的稳定性，允许对加工过程进行优化。此外，模型还预测了表面粗糙度和热误差。机床数字孪生体把这些模型和测量数据实时连接起来，为控制机床的操作提供辅助决策。

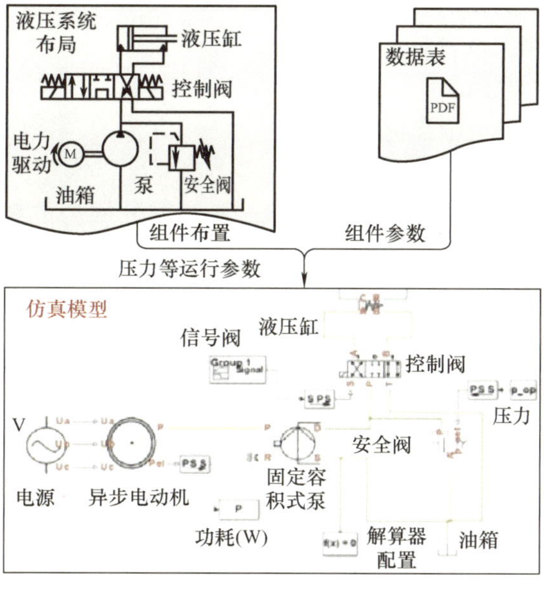


图 3-38　数字孪生机床的液压控制系统动力学模型

机床的监控系统部署在本地系统中，同时将数据上传至云端的数据管理平台，在云平台上管理并运行这些数据。

### 3. 数字孪生的发展趋势

（1）拟实化——多物理建模

数字孪生是物理实体在虚拟空间的真实反映，数字孪生在工业领域应用的成功程度取决于数字孪生的逼真程度，即拟实化程度。多物理建模将是提高数字孪生拟实化程度、充分发挥数字孪生作用的重要技术手段。

（2）全生命周期化——从产品设计和服务阶段向产品制造阶段延伸

基于物联网、工业互联网、移动互联等新一代信息与通信技术，实时采集和处理生产现场产生的过程数据，并将这些过程数据与生产线数字孪生进行关联映射和匹配，能够在线实现对产品制造过程的精细化管控；同时结合智能云平台及动态贝叶斯、神经网络等数据挖掘和机器学习算法，实现对生产线、制造单元、生产进度、物流、质量的实时动态优化与调整。

（3）集成化——与其他技术融合

数字线程技术作为数字孪生的使能技术，用于实现数字孪生全生命周期各阶段模型和关键数据的双向交互，是实现单一产品数据源和产品全生命周期各阶段高效协同的基础。

## 思 考 题

1. 阐述 CPS 的 3C 核心元素。
2. 阐述 CPS 的技术构架及其核心技术。
3. 简述工业大数据的应用。
4. 工业云计算在智能制造中起何作用?
5. 分别列举三项云应用与非云应用。
6. 以多轴联动数控机床为执行单元，构建一套具有云服务的智能制造系统并画出设计框图。
7. RFID 的工作流程是怎样的? 它在智能制造中起什么作用?
8. 什么是视觉识别技术? 简述其实际应用场景。
9. 什么是数字孪生技术? 它在智能制造中有哪些优势?

# 模块4

# 智能制造生产管理

## 学习目标

1. 了解 MES 的概念、架构及应用。
2. 了解精益生产管理的特点和应用。

## 重点和难点

1. MES 的架构。
2. 精益生产管理的特点。

## 延伸阅读

制造业正从中国制造向中国创造迈进。

制造业正从中国制造向中国创造迈进

## 单元 1　制造执行系统（MES）

MES

### 4.1.1　MES 的概念

#### 1. MES 的定义

MES（Manufacturing Execution System，制造执行系统）是一套面向制造企业车间执行层的生产信息化管理系统，是一个扎实、可靠、全面、可行的制造协同管理平台。制造业企业通过 MES 生产过程控制，实现对整个车间环境和生产流程的监督、制约和调整，使生产过程安全生产计划准确及时推进，从而达到预期生产目标，按时按质按量向客户交付产品，最终提高客户满意度，提升市场综合竞争实力。

1990 年 11 月，美国先进制造研究中心（Advanced Manufacturing Research，AMR）就提出了 MES（制造执行系统）概念。1992 年，AMR 提出企业三层集成模型，如图 4-1 所示。

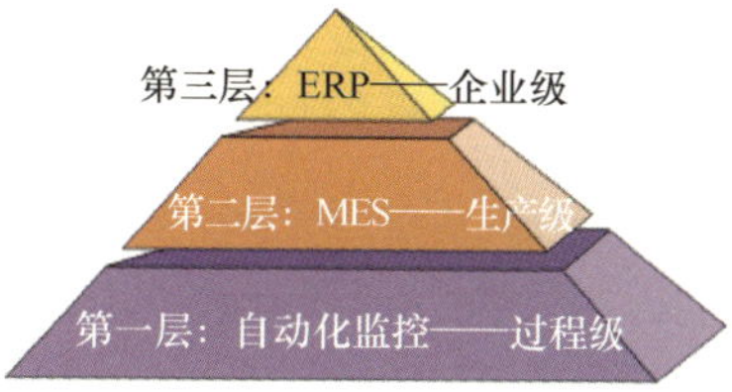


图 4-1　AMR 的企业三层集成模型

1997 年，制造执行系统协会（Manufacturing Execution System Association，MESA）对 MES 所下的定义：MES 能

通过信息传递对从订单下达到产品完成的整个生产过程进行优化管理。在生产过程中，借助实时精确的信息，做出快速响应以应对变化，减少无附加价值的生产活动，提高操作及流程的效率。MES 提升投资回报、净利润水平、改善现金流和库存周转速度、保证按时出货。MES 保证了整个企业内部及供应商间生产活动关键任务信息的双向流动。

MESA 白皮书中说明了企业资源计划（ERP）、MES 与控制系统间的作业互动与信息流模式，MES 在工厂中的数据流如图 4-2 所示。

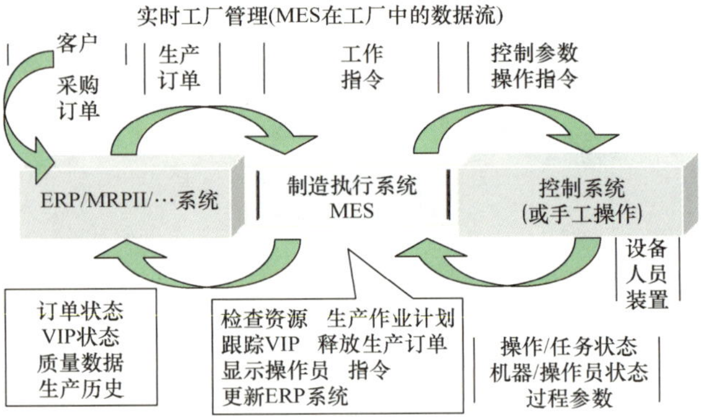

图 4-2 MES 在工厂中的数据流

图 4-2 中左边 ERP 等系统须随时注意产品库存量、客户订单状况与材料需求，然后将这些信息传送至 MES，由 MES 进行生产或安排库存以满足客户订单需求。对 MES 而言，这一层就是生产的计划层。

中间部分为 MES，负责完成产品制造工作，产品的规格、型号、参数等相关资料存储于此系统中，MES 将产品相关资料转换为作业程序提供给控制系统作业人员或机器设备。

右边部分为控制系统，当作业程序、相关流程、文件及其他相关生产需求项目就绪，控制系统便运用所有工厂内相关资源（软、硬件及人员）完成生产制造过程以达成产品生产目标。

## 2. MES 的功能

由 MES 的定义可见，MES 为一系列管理功能，而并非一套软件系统，它完全可以是各种生产管理的功能软件集合。MESA 提出的 MES 功能组件和集成模型包括生产调度管理、人力资源、现场数据采集、工序级详细生产计划、资源分配和状态、产品跟踪和产品数据管理、生产过程管理、生产质量管理、生产性能分析、生产设备管理、文档管理 11 个功能。同时规定，只要具备 11 个功能之中的某一个或几个，也属于 MES 的单一功能产品，如图 4-3 所示。

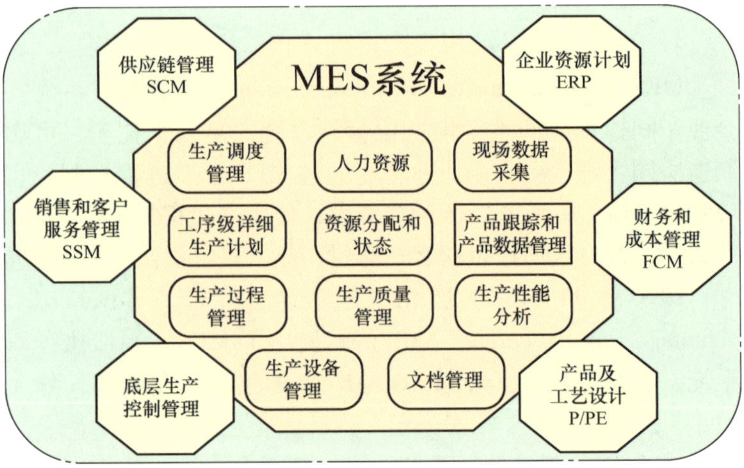

图 4-3 MES 功能模块与企业其他信息化系统的关系

MESA 在 MES 定义中强调了以下三点：

1）MES 是对整个车间制造过程的优化，而不是单一地解决某个生产瓶颈。

2）MES 必须提供实时收

集生产过程中数据的功能，并做出相应的分析和处理。

3）MES 需要与计划层和控制层进行信息交互，通过企业的连续信息流实现企业信息全集成。

MES 的定位是处于上层计划管理系统与底层现场自动化系统之间的执行层，主要负责车间生产管理和调度执行。它为操作人员、管理人员提供计划的执行、跟踪及所有资源（人、设备、物料、客户需求等）的当前状态信息。一个企业的制造车间，是物流与信息流的交汇点，是企业的经济效益中心。随着市场经济的完善，车间在制造企业中的角色逐步由传统的企业成本中心向利润中心转化，更强化了车间的作用，因此，位于车间起着执行功能的制造执行系统（MES）具有十分重要的作用。它不仅构建了工厂完整的追溯体系，而且提升了管理水平，增强了企业的核心竞争力。

3. MES 的特点

在制造型企业 IT 架构中，MES 无疑是特殊的一环。因处于计划系统与现场采集系统的中间位置，MES 需要与众多的 IT 系统打交道，例如，企业资源计划（ERP）、供应商关系管理、仓储管理系统（WMS）、产品数据管理（PDM）、客户关系管理（CRM）、现场设备、现场采集系统等。MES 是企业 CIMS 信息集成的纽带，是实施企业敏捷制造战略和实现车间生产敏捷化的基本技术手段。当前许多企业已经做了很多信息化项目，包括 CRM、ERP、PLM、SCM、OA 等。这些系统为企业的管理带来了不少收益，但是这些系统都未能支持到车间生产层面，企业上游管理与车间生产之间没有数据的传递。

多数企业车间执行过程是依靠纸质的报表、手工操作实现上下游的沟通。这种方式非常低效，并且产生的数据不准确、不完整，使企业在生产方面无法准确进行各项分析，做到精细化管理，为企业的效益打了折扣。

同时，在 ERP 应用过程中，无法将计划实时、准确地下达到车间，也无法实时、准确地获得车间生产的反馈，缺失了对生产的监控。要把 ERP 与生产实时关联起来，MES 作为一个桥梁应运而生，弥补了企业信息化架构断层的问题，如图 4-4 所示。

1）订单管理：用来管理 ERP 系统导入的订单和手工录入的订单，基本目标是以最优的方式将销售订单自动转化为生产订单，追踪生产订单的执行过程，最终根据生产实际将生产订单与销售订单进行匹配。

2）生产管理：监视生产过程，自动纠偏或为操作者提供决策支持以纠正和改善在制活动。它可包括报警管理，可通过数据采集/获取提供智能设备与 MES 的接口。

3）质量管理：及时提供产品和制造工序测量尺寸分析以保证产品质量控制，并辨别需要引起关注的问题，可推荐一些矫正问题的措施。

4）设备管理：跟踪和指导设备及工具的维护活动以保证这些资源在制造进程中的可获得性，保证周期性或预防性维护调度，以及对应急问题的反应（报警），并维护事件或问题的历史信息以支持故障诊断。

5）物料管理：管理物料（原料、零件、工具）及可消耗品的移动、缓冲与存储。这些移动可能直接支持过程操作或其他功能，如设备维护或组装调整。

6）系统管理：提供所有时期工作及其处置的可视性。其状态信息可包括：谁在进行该工作；供应者提供的零件、物料、批量、序列号；任何警告、返工或与产品相关的其他例外信息。其在线跟踪功能创建一个历史记录，该记录给予零件和每个末端产品使用的可跟踪性。

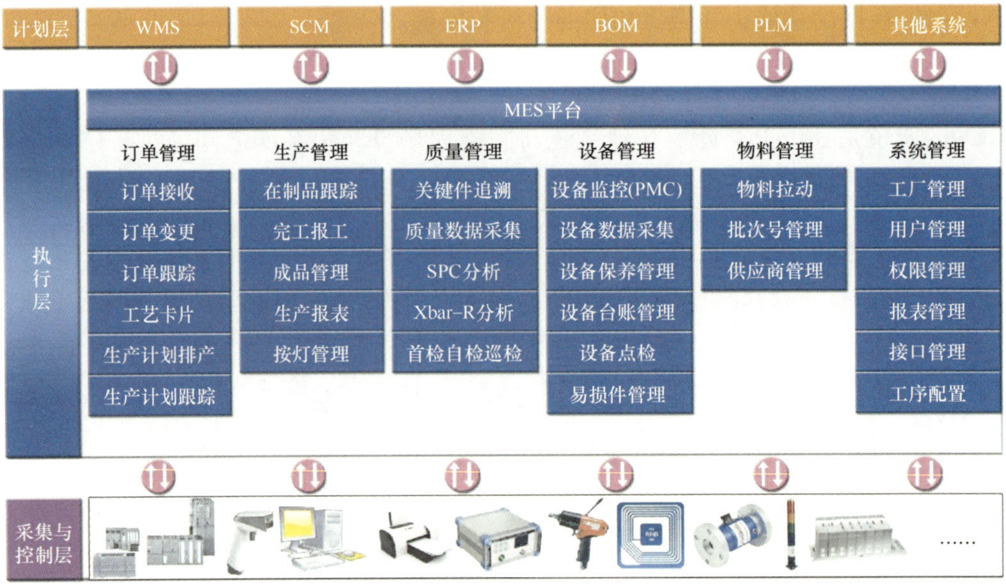


图 4-4 MES 的信息流

7）性能分析：提供实际制造操作活动的最新报告，以及与历史记录和预期经营结果的比较。运行性能结果包括对诸如资源利用率、资源可获取性、产品单位周期、与排程表的一致性、与标准的一致性等指标的度量。

MES 具有以下特点：

1）优化企业生产制造管理模式，强化过程管理和控制，均衡企业资源的利用率，优化产能，提高运作效率，达到精细化管理目的。

2）加强各生产部门的协同办公能力，提高工作效率，降低生产成本。

3）提高生产数据统计分析的及时性、准确性，避免人为干扰，促使企业管理标准化。

4）为企业的产品、中间产品、原材料等质量检验提供有效、规范的管理支持。

5）实时掌控计划、调度、质量、工艺、装置运行等信息情况，使各相关部门及时发现问题和解决问题，提高制造系统对变化的响应能力以及客户服务水平。最终可利用 MES 建立起规范的生产管理信息平台，使企业内部现场控制层与管理层之间的信息互联互通，以此提高企业核心竞争力。

**4. MES 的需求**

MES 提供并优化从产品开始生产到产品完成的整个生产活动中所需要的数据信息，主要完成对生产过程中所需要的基础信息的维护和采集、生产过程工艺信息的展示、生产线的可视化管理以及在制品的动态跟踪等。总的来说，应该满足以下几个需求。

（1）系统管理的需求

系统管理主要负责整个 MES 的维护，实现对人员、部门、角色、权限等功能的管理，用来决定员工相应的使用权限，保证系统的安全。

（2）基础数据维护的需求

基础数据的管理就是对 MES 的一些基础数据进行维护，包括工艺图样信息、设备、模台、工位、原材料、产品数据等，既是其他系统模块的数据来源，也是系统正常运行的基础。

（3）业务管理的需求

MES 的业务管理是对车间生产过程中各业务内容进行管理，包括如下功能需求：①通过 RFID 读写器等技术采集生产过程中设备、工位等实时状态信息；②操作员可以根据产品的编号读取每个工位的生产工艺信息；③能将产品的编号与生产任务相关联；④可以生成检验数据表格，对产品的二维码信息进行打印。

（4）生产监控管理的需求

MES 生产监控管理模块主要对生产线进行可视化监控及生产数据展示，包括以下功能需求：①能够以图形显示产品的生产状态；②将产品的信息通过数据报表的形式显示，并且能够支持打印；③通过产品的编号，可查看该产品在每个工位中涉及的设备、模台、生产时长、负责人等信息。

MES 对产线实施动态跟踪，生产人员能够通过看板及时了解当前生产目标和生产所需工艺信息等情况，避免不必要的浪费，提高了车间生产效率以及保证了产品质量。管理层也能够迅速地得到准确的生产信息，从而做出合理的生产安排。生产管理层方便对产品进行生产追踪，解决生产中存在的问题。

### 4.1.2 MES 的架构

MES 的架构需要由很多功能模块来支持，主要包括资源分配和状态管理、运作/详细调度、生产单元分配、文档管理、数据采集、劳务管理、质量管理、过程管理、维护管理、产品跟踪和谱系、性能分析。

MES 的架构采用 C/S 架构，分为数据采集控制层、数据库层、执行层、数据展现可视层，各层之间主要职责明确，数据统一管理，系统扩展性好，如图 4-5 所示。

1）数据采集控制层：通过各种传感器，在工作现场采集第一手数据并实时传送至数据库，供后续应用层级调用。

2）数据库层：所有采集的数据均保存在实时数据库和关系数据库中，分钟级数据须保存在实时数据库中，供查询趋势分析；批次及统计类数据须保存在关系数据库中，供管理分析。

3）执行层：包括各功能模块的业务，例如，生产过程监视、计划及调度、现场作业管理、生产跟踪管理、物流运输管理、能源管理、设备运行管理、质量管理、安全环保管理、人员管理、文档管理等。

4）数据展现可视层：给生产线现场操作人员提供的功能，包括给操作岗位提供的各项功能，现场声光报警、按钮消音、刷卡、LED 显示等。

MES 向上层提交资源消耗、生产能力、生产线运行性能、作业人员等涉及生产运行的数据情况，有助于管理者更好地进行资源配置、生产作业计划的排配，以及优化整个生产流程。同时，MES 向底层控制系统发布工作指令控制和有关生产线运行的各种参数等。计划与控制指令自上而下越详细、越具体，实时采集的数据由下而上层层汇总，数据的综合性就越强，有利于高层人员管理、底层人员作业操作。这样，层与层之间相互关联、互为补充，

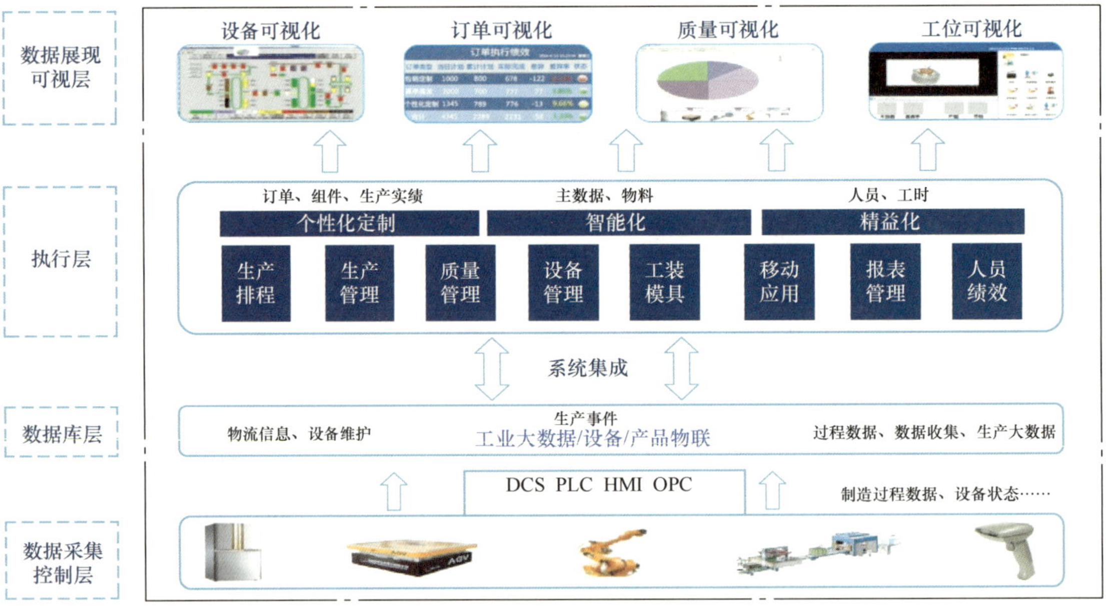


图 4-5　MES 架构

MES 实现了计划层和控制层的信息交互，消除了计划层与控制层之间的壁垒，实现了生产信息交互集成，打通了企业生产管理各环节连续的信息流。

通过 MES 架构的搭建，企业可以实现上下层数据流的联通，从而让上层指令及时下达，下层及时执行，也能将下层信息及时反馈至上层，为上层决策提供支持。

## 4.1.3　MES 的应用及发展趋势

### 1. MES 的应用

在日益激烈的市场竞争中，中小型制造企业要想获得更多的利润，增强企业的核心竞争力，就必须从生产过程入手。制造是企业生产的核心，工厂制造成本是企业最大的成本来源。生产部门是工厂中最大的部门，如果生产现场缺乏有效的管理手段，它就像“黑箱作业”，没有完整的信息反馈生产现场信息。随着 MES 在工业企业中越来越广泛的应用，工业企业发现 MES 能够提高计划的实时性和灵活性，改善生产线的运行效率。虽然 MES 的发展历史较短，但它能有效地实现以时间为关键要素的制造思想，因而在发达国家推广得非常迅速，并给工厂带来了巨大的经济效益，对国外的管理界也产生了深远的影响。因此，做好生产管理信息化工作，提高生产管理信息化水平对企业提升市场竞争力具有重要意义。

MES 通过反馈结果优化了制造过程的管理。生产过程的跟踪功能可以使企业管理者知道产品的原材料有哪些，何时由谁接收者并检查参数，产品在生产过程中各个环节的时间、技术参数、操作人员等信息。根据这些反馈信息，可以了解企业生产能力（成本过高或产品质量不稳定的原因），以便及时调整，有针对性地为客户提供更好的服务，若遇客户投诉，还可以及时准确地为客户解决问题并确认影响范围。同时，生产过程的数据也为生产管理决策提供了有效的支持，能够及时暴露和处理生产过程中的问题，从而有效遏制问题的发生，消除产品质量问题和生产线异常状况的萌芽，使企业更加有序和快速地发展。

MES 应用领域比较广，主要集中于汽车制造、电子通信、石油化工、冶金矿业和烟草这五大领域，五大领域应用占比超过 50%。制造业中的 MES 可以帮助企业完善管理层级，提高生产管理水平和生产率，还可以保证产品质量，查看生产库存，维护客户关系等。

（1）国内应用情况

MES 在国内的应用明显落后于西方发达国家。总的说来，中国市场对 MES 的应用还没有做好充分的准备。中国一大部分制造企业还过度依赖人力进行生产，因此收集完整可靠的、经过过滤和分析的信息非常困难。而且，制造企业的信息系统都是由许多独立、多品牌的子系统组成的，包括由基于事务处理的子系统（如 ERP 系统）和许多基于实时操作的工厂子系统，集成的难度非常高。

MES 是制造过程管理与控制的系统，由于制造过程及过程控制对象的复杂性和专有性，使得 MES 形态有比较大的差异，应用模式也可能完全不同，这些原因客观上造成了 MES 产品与服务市场的多样性。但是，正是由于 MES 的多样性、复杂性、特殊性及特定行业的需要性，MES 在国内市场已经出现较大的需求和商机。

由于 MES 能给企业和社会带来非常大的效益，从 2002 年开始，国家 863 - CIMS 高新科技研发计划中已将 MES 作为重点发展项目，并出台了具体扶持办法，从战略的高度给予了相当的重视，已促进工业化带动信息化、信息化存进工业化的发展战略，将信息流、物流、资金流最佳集成。

（2）国际应用情况

21 世纪以来，AMR 组织提出了 MES 要重点面向车间生产问题，并相继出现了一系列的开发公司和产品。如美国 Consilium 公司面向半导体和电子行业相继开发了 WorkStream（MES Ⅰ）和 FAB300（MES Ⅱ）；美国 Honeywell 公司面向制药行业开发了 POMSMES；美国的 Intellution 公司面向多种行业开发了 Fix for Windows；美国 Rockwell 公司开发了 RSsql、RSBatch、Arena 等；日本横河电机公司面向石油相关企业开发了终端自动化系统 Exatas 等。

**2. MES 的发展趋势**

（1）传统的集成向过程融合发展

随着全球化驱动的分散化协同制造成为主流，导致传统设计、计划到生产模式的反应迟缓，严谨的 PLM、ERP、MES 集成流程过于刚性。取而代之的是一种新的方式，即设计、计划和生产紧密协作、并行执行，基于同样的需求、物料、产能等数据，PLM 设计结束之前，柔性生产计划即可快速下达，MES 实时开始生产执行，同时实现良好的反馈机制。

（2）传统的数字管理向智能管理发展

基于单据作业模式的传统 MES，在数据分析与处理上并没有下太多的功夫。

在工业 4.0 时代，生产变化及灵活性更高，生产要素须自动配置，必然要求在生产全过程的数字化基础上增加智能优化方法。

（3）传统的车间管理向工厂运营平台发展

工业 4.0 时代的 MES 或许将重新定义，在协同制造方面超越目前内部组织范畴，扩展至与供应商和客户的连接；在制造智能方面将不限于收集、分析与展现，而将进一步实现现场实时分析、协同智能决策，及时调整制造执行过程；在业务领域层面，将扩展智能装备的性能监测与维护、绿色制造的能源管理等内容。

（4）传统的结构化数据向工业大数据平台发展

传统 MES 只处理各类业务单据，数据仅限于结构化的数据，很多企业在此基础上开展了商务智能的建设与利用，但总体上还在有限的数据范围内进行事后分析。

# 单元2　精益生产管理

## 4.2.1　精益生产管理概述

### 1. 精益生产的起源与发展

第二次世界大战结束不久，汽车工业的生产模式是以美国福特公司为代表的生产方式，这种生产方式以流水线的形式大批量、少品种生产产品。大批量生产方式即代表了当时先进的管理思想与方法，大量的专用设备、专业化的大批量生产是降低成本、提高生产率的主要方式。与处于绝对优势的美国汽车工业相比，当时的日本汽车工业则处于相对初级阶段，丰田汽车公司从成立到1950年的十几年间，总产量甚至不及福特公司1950年一天的产量。汽车工业作为日本经济倍增计划的重点发展产业，当时日本政府派出了大量专业人员前往美国考察学习。

日本丰田汽车公司专业人员在参观美国的几大汽车厂之后发现，采用大批量生产方式降低成本仍有进一步改进的空间，而且日本企业还面临需求不足与技术落后等严重困难；加上第二次世界大战后日本国内的资金严重不足，难有大量资金投入以保证日本国内的汽车生产达到有竞争力的规模，因此他们认为在日本进行大批量、少品种的生产方式并不合适，而应考虑一种更能适应日本市场需求的生产组织策略。

以日本丰田汽车公司的大野耐一等人为代表的精益生产的创始者们，在不断探索之后，终于找到了一套适合日本国情的汽车生产方式：准时化（Just In Time，JIT）生产、全面质量管理、并行工程、充分协作的团队工作方式和集成的供应链关系管理，逐步创立了独特的多品种、小批量、高质量和低消耗的丰田生产模式，丰田生产模式开始为世人所瞩目。从1985年开始，美国麻省理工学院的一批学者对比研究了世界各大汽车公司，发现丰田公司的生产方式最具竞争力，于是把丰田生产系统的特点加以总结，命名为“精益生产（Lean Production，LP）”。

精益管理源于精益生产，但高于精益生产。其核心是应用现代工业工程的方法和手段有效配置和使用资源，从而彻底消除无效劳动和浪费，通过不断地降低成本、提高质量、增强生产灵活性、实现无废品和零库存等手段，确保企业在市场竞争中的优势。我国专家根据丰田汽车公司的生产方式将精益生产定义为系统地提高生产率的生产模式，并构建出精益“丰田屋”，如图4-6所示。

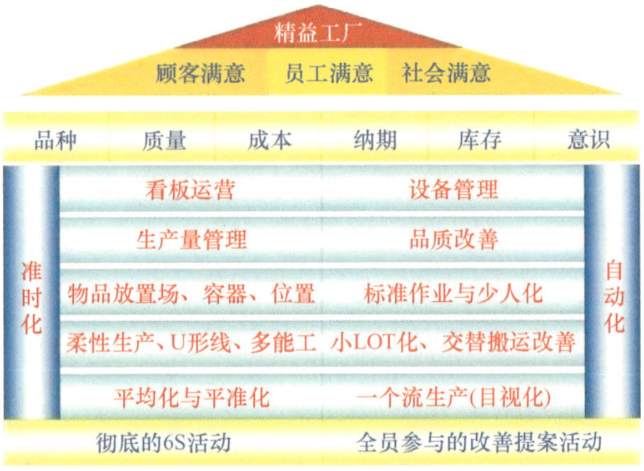


图4-6　丰田屋

同时指出精益生产是一个包含多种

制造技术的综合技术体系，是工业工程技术在企业中的具体应用，并提出了精益生产的技术体系，如图 4-7 所示。

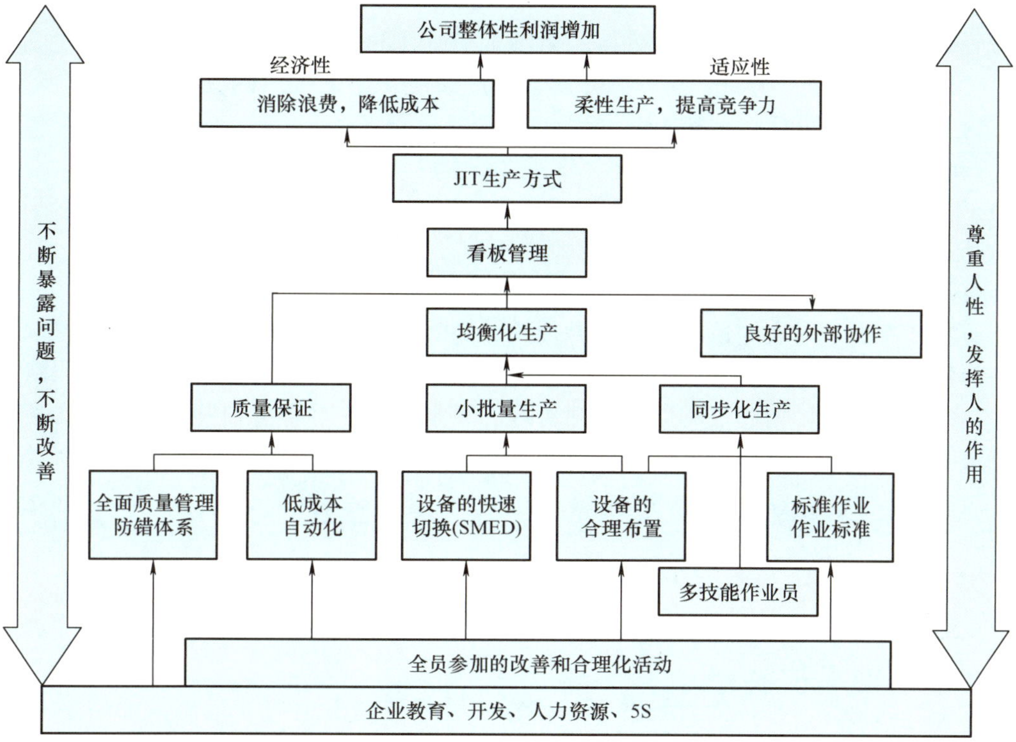


图 4-7 精益生产的技术体系

综上所述，精益生产是一种以工业工程技术为核心，以消除浪费为目标，围绕生产过程进行提升的管理形式。随着时代的发展，这种管理形式也在不断演化，由最初的只关注制造环节逐渐发展至开始关注职能管理环节，由最初的只在汽车制造业中的应用逐渐发展至开始在其他行业和领域中广泛应用，其核心也由以准时生产为中心的精益生产转变为以提升管理效率为中心的精益管理。

**2. 精益生产的定义**

精益生产也称精益制造（Lean Manufacturing），是在最少可能的时间内，以最小可能的资源，生产最少的必要单位，为客户创造价值。它是适用于现代制造的一种生产方式，这种生产方式的目标是降低生产成本，提高生产过程的协调度，杜绝企业中的一切浪费现象，从而提高生产效率，故称之为精益生产。精益生产的终极目标为“零浪费”，具体表现在 P、I、C、Q、M、D、S 七个方面：

1）“零”转产工时浪费（Products，多品种混流生产）。

2）“零”库存（Inventory，消减库存）。

3）“零”浪费（Cost，全面成本控制）。

4）“零”不良（Quality，高品质）。

5）“零”故障（Maintenance，提高运转率）。

6）“零”停滞（Delivery，快速反应、短交期）。
7）“零”灾害（Safety，安全第一）。

### 3. 精益生产的优势

与大量生产方式相比，日本所采用的精益生产方式的优越性主要表现在以下几个方面：

1）所需人力资源，无论是在产品开发、生产系统，还是工厂的其他部门，与大量生产方式下的工厂相比，最低能减至1/2。

2）新产品开发周期，最低可减至1/2或2/3。

3）生产过程的在制品库存，最低可减至大量生产方式下一般水平的1/10。

4）工厂占用空间，最低可减至采用大量生产方式下的1/2。

5）成品库存，最低可减至大量生产方式下平均库存水平的1/4。

精益生产方式是彻底地追求生产的合理性、高效性，能够灵活生产适应各种需求的高质量产品的生产技术和管理技术，其基本原理和诸多方法对制造业具有积极的意义。精益生产的核心，即关于生产计划和控制以及库存管理的基本思想，对丰富和发展现代生产管理理论具有重要的作用。

## 4.2.2 精益生产管理的特点

### 1. 拉动式准时化（JIT）生产

以最终用户的需求为生产起点，强调物流平衡，追求零库存，要求上一道工序加工完的零件立即进入下一道工序。

组织生产线依靠一种称为看板的形式。即由看板传递下道向上道需求的信息（看板的形式不限，关键在于能够传递信息）。生产中的节拍可由人工干预、控制，但重在保证生产中的物流平衡（对于每一道工序来说，即为保证对下一道工序供应的准时化）。由于采用拉动式生产，生产中的计划与调度实质上是由各个生产单元自身完成，在形式上不采用集中计划，但操作过程中生产单元之间的协调极为必要。

### 2. 全面质量管理

强调质量是生产出来而非检验出来的，由生产中的质量管理来保证最终质量。生产过程中对质量的检验与控制在每一道工序都进行。重在培养每位员工的质量意识，在每一道工序进行时注意质量的检测与控制，保证及时发现质量问题。在生产过程中发现质量问题，根据情况，可以立即停止生产，直至解决问题，从而保证不出现对不合格品的无效加工。

### 3. 团队工作法（Team Work）

每位员工在工作中不仅是执行上级的命令，更重要的是积极参与，起到决策与辅助决策的作用。组织团队的原则并不完全按行政组织来划分，而主要根据业务关系来划分。团队成员强调一专多能，要求能够比较熟悉团队内其他工作人员的工作，保证工作协调并顺利进行。团队人员工作业绩的评定受团队内部评价的影响。团队工作的基本氛围是信任，以一种长期的监督控制为主，避免对每一步工作的稽核，提高工作效率。团队的组织是变动的，针对不同的事物建立不同的团队，同一个人可能属于不同的团队。

### 4. 并行工程（Concurrent Engineering）

在产品的设计开发期间，将概念设计、结构设计、工艺设计、最终需求等结合起来，保证以最快的速度按要求的质量完成。各项工作由与此相关的项目小组完成。进程中，小组成员各自安排自身的工作，但可以定期或随时反馈信息并对出现的问题协调解决。依据适当的信息系统工具反馈与协调整个项目的进行。利用现代计算机集成制造（Computer Integrated Manufacturing，CIM）技术，在产品的研制与开发期间，辅助项目进程的并行化。

按照上述四个原则对生产过程不断进行改进，其结果必然是价值流动速度显著地加快。而不断地用价值流分析方法找出更隐藏的浪费并进一步改进，这样循环使过程趋于尽善尽美。精益管理的目标：通过尽善尽美的价值创造过程（包括设计、制造和对产品或服务整个生命周期的支持）为用户提供尽善尽美的价值。“尽善尽美”是难以达到的，但持续地对尽善尽美的追求，将造就一个永远充满活力、不断进步的企业。

### 4.2.3 精益生产与大批量生产方式管理思想的比较

精益生产作为一种从环境到管理目标都是全新的管理思想，并在实践中取得成功，并非简单地应用了一两种新的管理手段，而是一整套与企业环境、文化以及管理方法高度融合的管理体系。因此，精益生产自身就是一个自治的系统。

#### 1. 优化范围不同

大批量生产方式源于美国，是基于美国的企业间关系，强调市场导向，优化资源配置，每个企业以财务关系为界限，优化自身的内部管理。

精益生产方式则以产品生产工序为线索，组织密切相关的供应链，一方面降低企业协作中的交易成本，另一方面保证稳定需求与及时供应，以整个大生产系统为优化目标。

#### 2. 对待库存的态度不同

大批量生产方式认为库存是量产必然的产物。

精益生产方式将生产中的一切库存视为“浪费”，同时认为库存掩盖了生产系统中的缺陷与问题。它一方面强调供应对生产的保证，另一方面强调对零库存的要求，从而不断暴露生产中基本环节的矛盾并加以改进，不断降低库存以消灭库存产生的“浪费”。基于此，精益生产提出了“消灭一切浪费”的口号，以追求零浪费为目标。

#### 3. 业务控制观不同

传统大批量生产方式的用人制度基于双方的“雇用”关系，业务管理中强调达到个人工作高效的分工原则，并以严格的业务稽核来促进与保证，同时稽核工作还能防止个人工作对企业产生负效应。

精益生产源于日本，在专业分工时强调相互协作及业务流程的精简（包括不必要的核实工作）——消灭业务中的“浪费”。

#### 4. 质量观不同

传统的生产方式将一定量的次品看成生产中的必然结果。

精益生产基于组织的分权与人的协作观点，认为让生产者自身保证产品质量的绝对可靠是可行的，且不牺牲生产的连续性。其核心思想是，导致这种概率性的质量问题产生的原因本身并非概率性的，通过消除产生质量问题的生产环节来“消除一切次品所带来的浪费”，追求零不良。

#### 5. 对人的态度不同

大批量生产方式强调管理中的严格层次关系。对员工的要求在于严格完成上级下达的任务，人被看作附属于岗位的“设备”。

精益生产则强调个人对生产过程的干预，尽量发挥人的能动性，同时强调协调，对员工个人的评价也是基于长期的表现。这种方法更多地将员工视为企业团体的成员，而非机器，充分发挥基层的主观能动性。

### 4.2.4 精益生产管理的应用

精益生产管理是衍生于“丰田生产系统”的一种管理哲学，由较早的生产管理行业逐渐拓展到多个领域，并在其中的业务经营中发挥着明显的功效与作用。如今，精益生产管理作为颇具发展潜力的新兴行业，在其经营管理的活动中具有重要的现实意义，应用领域也较为广泛。

#### 1. 物流领域

精益生产管理目前开始被引入物流领域。物流领域在使用精益生产管理理念时，开始对公司运输、保管、配送、包装、装卸、流通加工及物流信息处理等整套的物流体系进行一个明确系统的规划，构建起一个“高效、及时、低成本、高价值”的物流体系，实现物流系统的动态增值。新型精益生产管理对于物流领域起到了重要的作用。

#### 2. 电商领域

精益生产管理目前对于电商领域功用显著。在当前大部分的电子商务企业的仓储管理中仍采取传统的人工作业模式，导致企业在库存准确率的获得上具有较大的难度。此外，由于采购及供应量等不确定因素的存在，使得库存空间存在浪费的现象。因此，需要引入一种合理、科学的仓储管理模式来实现仓库的精细化管理。较好的精益生产管理对于电商的发展作用显著。

#### 3. 食品领域

精益生产管理是从实现客户价值为源头反向推导，为提高企业竞争力而服务，有利于食品加工企业核心竞争力的提升。在当前已经翻天覆地的经营环境下，食品加工企业若依旧延续以短期利润较大化为目标的传统成本管理模式，虽然能控制成本，但无法实现效率的增加，长此以往必然影响企业的生存空间，因而应用精益成本管理是食品加工企业实现可持续发展的必然选择。

## 思 考 题

1. 何谓 MES？MES 的需求有哪些？
2. MES 符合的模型标准是什么？MES 在智能制造中发挥的作用是什么？
3. MES 的特点及国际上 MES 的发展趋势体现在哪些方面？
4. 精益生产的含义是什么？精益生产在智能制造中起什么作用？
5. 精益生产与传统大批量生产管理方式有何区别？
6. 物流精益管理系统是如何运作的？

# 模块5 智能制造服务

## 学习目标

1. 了解智能制造服务的内涵及关键技术。
2. 了解智能制造服务体系。
3. 了解智能制造服务的重点领域。

## 重点和难点

1. 智能制造服务的关键技术。
2. 智能制造服务体系。

## 延伸阅读

为制造强国建设插上数字化“翅膀”。

为制造强国建设插上数字化“翅膀”

## 单元1 智能制造服务概述

### 5.1.1 智能制造服务的内涵

制造是把原材料加工成适用的产品，或将原材料加工成器物。服务是以解决顾客问题为目标，以无形方式结合有形资源，在顾客与服务职员之间发生的一系列行为。制造服务是在制造产品的同时增加服务理念和服务活动，在提供服务的同时融合制造理念和制造活动。智能制造服务是将制造服务扩展到工业互联网环境中的制造服务，是将制造服务资源虚拟化，通过智能终端来运营。

随着计算机和通信技术的迅猛发展，制造业由传统手工制造逐渐转向以新型传感器、智能控制系统、工业机器人、自动化成套设备为代表的智能制造，这使得智能制造服务得到了高速发展，智能制造服务越发受到重视。近年来，随着人工成本的提高及科技的快速发展，产品服务所产生的利润已经远远超过了制造产品本身。以德国200家装备制造企业的统计样本为例，新产品设计、制造、销售环节的利润率不到4%，而产品培训、备品备件、故障修理、维护、咨询、金融服务等产生的利润率高达70%，尤其是用于产品维修的备品备件，利润率高达18%。由此可见，产品非实体部分的价值已经远超产品本身。通过融合产品和服务，引导客户全程参与产品研发等方式，智能制造服务能够实现制造价值链的价值增值，并对分散的制造资源进行整合，从而提高企业的核心竞争力。

新兴“数字原生”企业的崛起，其竞争力正在被重新定义。对制造企业来说，硬件产品和实体资产已经不再是企业竞争力的必然保证：一方面，重资产的多少已经不等同于企业优势和实力；另一方面，硬件产品的价值正在不断向服务和软件迁移。制造企业必须重新审视和定义自身的竞争力，寻找新的增长动能。

智能制造时代，人、产品、系统、资产和机器之间建立了实时的、端到端的、多向的通信和数据共享；每个产品和生产流程都可以自主监控，感知了解周边环境，并通过与客户和环境的不断交互自我学习，从而创造出越来越有价值的用户体验；企业也能实时了解客户的个性化需求，并及时做出反应。这种基于数据的智能化给制造业带来的变化不仅是生产率的提升，还会在传统的产品之外衍生出新的产品和服务模式，开辟全新的增长空间，制造业的运营模式和竞争力会被重新定义。

智能制造服务是面向产品的全生命周期，依托于产品创造高附加值的服务。智能物流、产品跟踪追溯、远程服务管理、预测性维护等都是智能制造服务的具体表现。智能制造服务结合信息技术，能够从根本上改变传统制造业产品研发、制造、运输、销售和售后服务等环节的运营模式。不仅如此，由智能制造服务环节得到的反馈数据还可以优化制造行业的全部业务和作业流程，实现生产力可持续增长与经济效益稳步提高的目标。企业可以通过捕捉客户的原始信息，在后台积累丰富的数据，以此构建需求结构模型，并进行数据挖掘和商业智能分析，除了可以分析客户的习惯、喜好等显性需求外，还能进一步挖掘与客户时空、身份、工作生活状态关联的隐性需求，从而主动为客户提供精准、高效的服务。可见，智能制造服务实现的是一种按需和主动的智能，不仅要传递、反馈数据，更要系统地进行多维度、多层次的感知，以及主动、深入的辨识。

智能制造服务是智能制造的核心内容之一，越来越多的制造型企业已经意识到从生产型制造向生产服务型制造转型的重要性。在服务智能化的推进过程中，一方面，传统制造企业不断拓展服务业务；另一方面，互联网企业从消费互联网进入产业互联网，并实现人和设备、设备和设备、服务和服务、人和服务的广泛连接。这两方面相互交融，将不断激发智能制造服务领域的技术创新、理念创新、业态创新和模式创新。服务的智能化既体现在企业如何高效、准确、及时地挖掘客户潜在需求并实时响应，也体现为产品交付后，企业怎样对产品实施线上、线下服务，并实现产品的全生命周期管理。

智能制造服务是高度网络连接、知识驱动的制造模式。智能制造服务优化了制造行业的全部业务和作业流程，可实现可持续生产力增长、高经济效益目标。智能制造服务结合信息技术和工程技术，是世界范围内信息化与工业化深度融合的大趋势，已逐步成为衡量一个国家和地区科技创新和高端制造业水平的标准。

智能服务不是提供单一产品、技术或服务，而是一个服务框架，围绕不同的行业以及每个行业的不同业务，可以衍生出无穷的智能服务，所以智能服务是一个大的生态系统，是未来行业产业创新集群的集中体现。这个生态圈，除了政府主导，行业业主和最终用户参与外，还需要多个角色的参与，就像自然生态圈一样，不同的角色在智能服务生态圈中各自起着不同的作用，维持着生态平衡。这些角色主要有政府监管部门、数据挖掘分析外包服务商、应用方案供应商、软件平台供应商、硬件基础设施供应商、运营服务商等，如图 5-1 所示。

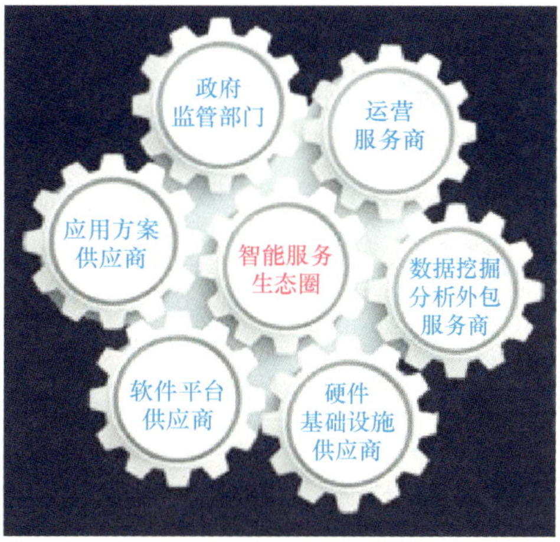


图 5-1　智能服务生态圈

随着中国经济转型所驱动的企业转型之旅的逐渐展开，智能服务生态系统中的角色组成和角色组合将会越来越丰富多彩，对应各行各业所产生的智能服务项目也将越来越多，彼此建立协同机制也将变得越来越重要。

“中国制造 2025”的提出与推进，给制造业信息化带来了新的机遇，其中的生产性服务、服务型制造、智能制造等内容强化了制造业服务化的发展趋势。中国工程院原院长周济表示，以智能服务为核心的产业模式变革是新一代智能制造系统的主题。新一代人工智能技术的应用催生了产业模式的变革性转变，产业模式将实现以产品为中心向以用户为中心的根本性转变。要实现完整的生产系统智能制造服务，关键是智能基础共性技术需要突破。

### 5.1.2　智能制造服务的关键技术

智能制造服务是在集成现有多方面的信息技术及其应用基础上，以用户需求为中心进行服务模式和商业模式的创新。智能制造服务是各行各业共同参与的生态系统，通过分工协作、各负其责实现多方互利共赢。

**1. 识别技术**

识别功能是智能制造服务关键的一环。自动识别技术（Automatic Identification and Data Capture，AIDC）是应用一定的识别装置，通过被识别物品和识别装置之间的接近活动，自动地获取被识别物品的相关信息，并提供给后台的计算机处理系统，从而完成相关后续处理的一种技术。

自动识别技术将计算机、光、电、通信和网络技术融为一体，与互联网、移动通信等技术相结合，实现了全球范围内物品的跟踪与信息的共享，从而给物体赋予智能，实现人与物体以及物体与物体之间的沟通和对话。按照应用领域和具体特征的分类标准，自动识别技术可以分为如下七种。

（1）条码识别技术

一维条码是由平行排列的、宽窄不同的线条和间隔组成的二进制编码。这些线条和间隔根据预定的模式进行排列并且表达相应记号系统的数据项。宽窄不同的线条和间隔的排列次序可以解释成数字或者字母。可以通过光学扫描对一维条码进行阅读，即根据黑色线条和白色间隔对激光的不同反射来识别。

二维条码技术是在一维条码无法满足实际应用需求的前提下产生的。由于受信息容量的限制，一维条码通常是对物品的标识，而不是对物品的描述。二维条码能够在横向和纵向两个方向同时表达信息，因此能在很小的面积内表达大量的信息。

（2）生物识别技术

指通过获取和分析人的身体和行为特征来实现其身份的自动鉴别。

（3）图像识别技术

在人类认知的过程中，图像识别指图形刺激作用于感觉器官，进而人们辨别认出该图像是什么的过程，也称为图形再认。在信息化领域，图像识别是利用计算机对图像进行处理、分析和理解，以识别各种不同模式的目标和对象的技术。例如，地理学中它指将遥感图像进行分类的技术。图像识别技术的关键信息，既要有当时进入感官（即输入计算机系统）的信息，也要有系统中存储的信息。只有通过存储的信息与当前的信息进行比较的加工过程，才能实现对图像的再认。

识别功能是智能制造服务的关键部分，其任务是识别出图像中有什么类型的物体。通过基于深度三维图像识别技术、基于三维图像的物体缺陷自动识别技术，给出物体在图像中所反映的位置和方向，是对三维世界的感知理解。在结合了人工智能科学、计算机科学和信息科学之后，三维物体识别在智能制造服务系统中识别物体几何情况的关键技术。

（4）磁卡识别技术

磁卡是一种磁记录介质卡片，由高强度、高耐温的塑料或纸质涂覆塑料制成，能防潮、耐磨且有一定的柔韧性，它携带方便，使用较为稳定可靠。磁条记录信息的方法是变化磁的极性，在磁性氧化的地方具有相反的极性，识别器才能够在磁条内分辨这种磁性变化，这个过程被称为磁变。一部解码器可以识读到磁性变化，并将它们转换回字母或数字的形式，以便由一部计算机来处理。磁卡技术能够在小范围内存储较大数量的信息，在磁条上的信息可以被重写或更改。

（5）IC 卡识别技术

IC 卡即集成电路卡，是继磁卡之后出现的又一种信息载体。IC 卡通过卡里的集成电路存储信息，采用射频技术与支持 IC 卡的读卡器进行通信。射频读写器向 IC 卡发一组固定频率的电磁波，卡片内有一个 LC 串联谐振电路，其频率与读写器发射的频率相同，这样在电磁波激励下，LC 谐振电路产生共振，从而使电容内有了电荷；在这个电容的另一端接有一个单向导通的电子泵，将电容内的电荷送到另一个电容内存储，当所积累的电荷使电容电压达到 2V 时，此电容可作为电源为其他电路提供工作电压，将卡内数据发射出去或接收读写器的数据。

（6）光学字符识别技术

光学字符识别（Optical Character Recognition，OCR）技术属于图像识别的一项技术。其目的是要让计算机知道它到底看到了什么，尤其是文字资料。针对印刷体字符（如一本纸质的书），采用光学的方式将文档资料转换为原始资料，即黑白点阵的图像文件，然后通过识别软件将图像中的文字转换成文本格式，以便文字处理软件进一步编辑加工。一个 OCR 系统从影像到结果输出，必须经过影像输入、影像预处理、文字特征抽取、比对识别，最后经人工校正将辨错的文字更正，最后将结果输出。

（7）射频识别（RFID）技术

射频识别技术是通过无线电波进行数据传递的自动识别技术，是一种非接触式的自动识别技术。它通过射频信号自动识别目标对象并获取相关数据，识别工作无须人工干预，可工作于各种恶劣环境。与条码识别、磁卡识别技术和 IC 卡识别技术等相比，它以特有的无接触、抗干扰能力强、可同时识别多个物品等优点，逐渐成为自动识别中最优秀的和应用领域最广泛的技术之一，是十分重要的自动识别技术。

2. 实时定位系统

实时定位系统（Real Time Locating Systems，RTLS）是一种基于信号的无线电定位手段，可以采用主动式或被动感应式。其中，主动式分为 AOA（到达角度定位）以及 TDOA（到达时间差定位）、TOA（到达时间）、TW - TOF（双向飞行时间）、NFER（近场电磁测距）等，这种技术手段的特点是定位精度高，不易受干扰。被动感应式采用基于信号强度的方法进行位置解算，如 RFID、Zigbee 等，这种定位方式容易受到金属物等障碍物的影响，从而出现偏差。

RTLS 是未来工厂数字化基础设施中的一个关键组成部分。为了使移动机器人、自导航输送系统以及最新自动化软件等智能系统能够自主响应，它们需要知道什么对象在何时处于什么位置。RTLS 定位平台可精确和可靠地实现这一目的，它可以厘米精度定位对象，并将定位详细信息实时提供给上层系统。

在智能制造服务系统中建立一个实时定位网络系统，可以对生产过程中的多种材料、零件、工具、设备等资产进行实时跟踪管理，监视在制品的位置行踪，以完成生产全程中角色的实时定位。

3. 信息物理系统

信息物理系统（CPS）是一个综合计算、网络和物理环境的多维复杂系统，通过 3C 技术的有机融合与深度协作，实现大型工程系统的实时感知、动态控制和信息服务。信息物理系统也称为“虚拟网络-实体物理”生产系统。在这样的系统中，一个工件就能算出自身需要哪些服务。通过数字化逐步升级现有生产设施，这样生产系统可以实现全新的体系结构。

4. 网络安全技术

数字化推动了制造业的发展，在很大程度上得益于计算机网络技术的发展，与此同时，也给工厂的网络安全带来了威胁。以前习惯于纸质文件的熟练工人，现在越来越依赖于计算机网络、自动化机器和无处不在的传感器，而技术人员的工作就是把数字数据转换成物理部件和组件。制造过程的数字化技术资料支撑了产品设计、制造和服务的全过程，服务器是信息系统的重要组成部分，它以操作系统和硬件系统为基础，担负着对信息和数据存储、传输、处理和发布的重要任务，一旦遭受损害，其后果非常严重。我国目前的信息安全保障基础相对薄弱，信息安全建设存在许多薄弱环节。现在国内主流信息安全产品如防病毒软件、防火墙等都是从网络层或者应用层进行安全防护，缺乏对服务器操作系统的防护。

5. 系统协同技术

协同制造是充分利用互联网技术为特征的网络技术、信息技术，协同制造将串行工作变为并行工程，实现供应链内及跨供应链间的企业产品设计、制造、管理和商务等合作的生产模式，最终通过改变业务经营模式与方式达到资源最充分利用的目的。

协同制造是基于敏捷制造、虚拟制造、网络制造、全球制造的生产模式，它打破时间、空间的约束，通过互联网使整个供应链上的企业和合作伙伴共享客户、设计、生产经营信息。从传统的串行工作方式转变成并行工作方式，从而最大限度地缩短新品上市的时间，缩短生产周期，快速响应客户需求，提高设计、生产的柔性。

协同服务是协同制造的重要内容之一。协同服务包括设备协作、资源共享、技术转移、成果推广和委托加工等模式的协作交互，通过调动不同企业的人才、技术、设备、信息和成果等优势资源，实现集群内企业的协同创新、技术交流和资源共享。

协同服务最大限度地减少了地域对智能制造服务的影响，通过企业内和企业间的协同服务，使顾客、供应商和企业都参与到产品设计中，大大提高产品的设计水平和可制造性，有利于降低生产经营成本，提高质量和客户满意度。

协同制造与协同服务需要大型制造工程项目复杂自动化整体方案设计技术、安装调试技术、统一操作界面和工程工具的设计技术、统一事件序列和报警处理技术、一体化资产管理技术等相互协同来完成。

## 单元2 智能制造服务体系

近年来，智能产品在人们的生活中随处可见，如智能手机、智能手表、智能眼镜，以及物联网下的智能家居等。智能制造的巨大浪潮与产业互联网的融合正在酝酿着崭新的商业模式，以期带来用户需求的颠覆与生活方式的变革。在未来，智能制造服务等新型行业必将得到广泛关注与高速发展。

美国GE公司在2012年11月发布了《工业互联网：打破智慧与机器的边界》的报告，确定了未来装备制造业智能制造服务转型的路线图，将“智能化设备”“基于大数据的智能分析”和“人在回路的智能决策”作为工业互联网的关键要素，并将为工业设备提供面向全生命周期的产业链信息管理服务，帮助用户更高效、更节能、更持久地使用这些设备。装备制造业服务系统的设计架构如图5-2所示。

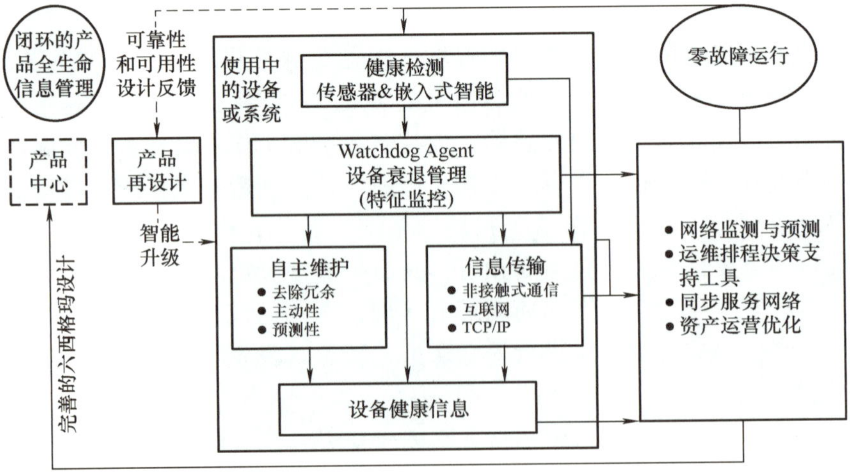


图5-2 装备制造业服务系统的设计架构

建立完善的智能制造服务体系是企业在当今重塑竞争力的重要路径，即面向共性需求，建立智能制造综合服务发展模式及平台运营机制，打通上下游产业链与服务链，支持面向智能制造领域的服务定制和服务交易，支持各类环节实时在线服务，打造贯通智能制造全行业、全流程、全要素的服务体系。

智能制造服务体系是信息交互、信息传送、执行反馈相互协作的系统。智能服务就是把智能制造服务体系全过程智能化。在智能服务中，信息感应与服务反应不再是简单的“传感-传输-应用”技术组合与堆砌，而是面向一个服务系统的，具备与对象进行信息交互、需求判断与功能选择的联动系统。当在执行反馈中加入需求解析与服务反应功能集时，它就变成了智能层，从而使整个系统在功能上实现智能服务。智能制造服务体系的结构如图 5-3 所示。

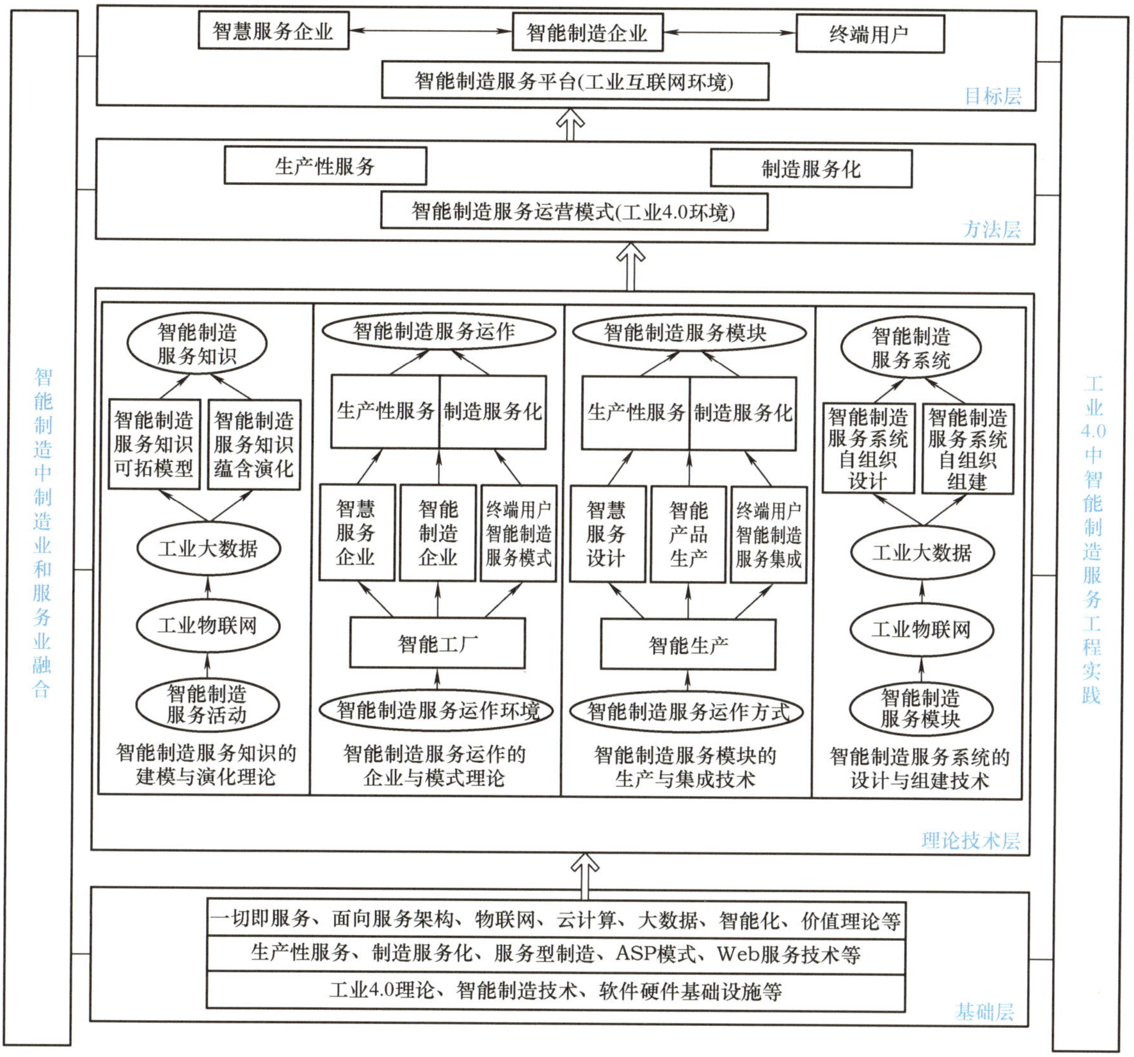


图 5-3 智能制造服务体系的结构

**1. 基础层**

在基础层主要提供智能制造服务研究的理论基础以及技术基础，包括工业 4.0 理论、智能制造技术、软件硬件基础设施、一切即服务、面向服务架构、物联网、云计算、大数据、智能化、价值理论、服务型制造、生产性服务、制造服务化、ASP 模式、Web 服务技术等。

2. 理论技术层

在理论技术层提出实现目标的关键理论技术。关键理论技术是智能制造服务知识的建模与演化理论、智能制造服务运作的企业与模式理论、智能制造服务模块的生产与集成技术、智能制造服务系统的设计与组建技术等。

3. 方法层

在方法层提出智能制造服务研究思路方法，主要是智能制造服务的运营模式，特别是针对生产性服务和制造服务化通过工业 4.0 来实现。生产性服务突出价值链形成行业特点，制造服务化突出产业链达到区域优势。

4. 目标层

在目标层提出智能制造服务的研究目的。为了实现制造与服务的融合总目标，研究技术体系实施方案，利用工业互联网技术，使得服务企业、制造企业和终端用户的需求最大限度获得满足。

智能制造服务的实施过程是一个复杂系统工程，它的实施需要整合跨平台技术资源才能够实现。首先，要建设标准的信息基础架构，包括使信息能够容易获取的感知设备、随时随地可接入的网络、海量的存储和弹性的计算等设施，实现信息的获取、传送、存储、计算等设施的无缝链接，为提供智能制造服务打下基础。其次，需要数据采集和积累的过程，通过挖掘用户的需求，采集海量的数据，并促进数据流通。最后，通过大数据分析获得“智慧”，为企业提供智能制造服务。

## 单元 3 智能制造服务重点领域

智能制造服务包括以用户为中心的产品全生命周期的各种服务，服务智能化将大大促进个性化定制等生产方式的发展，延伸发展服务型制造业和生产型服务业，促进生产模式和产业形态的深度变革。通过持续改进，建立高效、安全的智能服务系统，实现服务和产品的实时、有效、智能化互动，为企业创造新价值。

1. 基于设备运维的服务

很多装备制造企业不仅提供产品，而且提供服务。一方面是客户为中心的理念所致，另一方面也是企业价值链的延伸。例如，陕西鼓风机（集团）有限公司形成了基于全生命周期运行与维护信息驱动的复杂动力装备可持续改进的智能制造服务及系统保障体系，如图 5-4 所示。值得注意的是，通过对设备运行数据的监测、诊断，设备的状态、故障及服务信息可以反馈回来，以供产品改造升级之用。

2. 基于设备施工作业的服务

对于某些行业（如工程机械），其产品在工程现场运行的具体问题，以前设备制造商无须顾及。随着以客户为中心理念的普及及数字化、网络化技术的发展，制造企业开始关注设备的施工作业问题。以日本小松集团为例，它让工程人员通过无人机进行航空测绘，生成高精度的施工现场三维数据模型，并根据模型智能精准匹配相应数量和种类的小松工程机械，

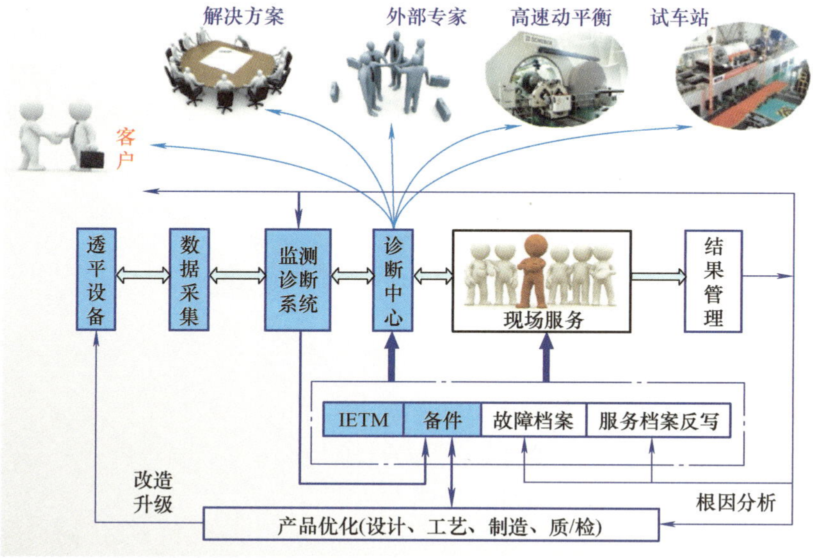


图 5-4　陕西鼓风机集团智能制造服务及系统保障体系

其智能服务云如图 5-5 所示。

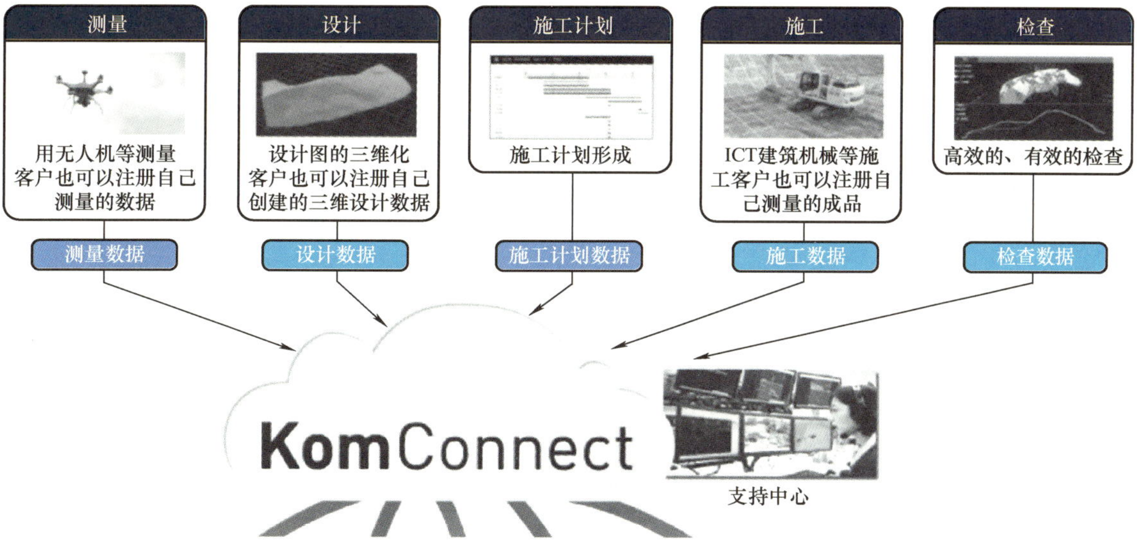


图 5-5　小松智能服务云

制造业服务化转型绝非以放弃制造业为目的的“去制造化”。服务型制造本质上是通过服务使产品给用户带来更大的价值，其发展基础还是高质量的工业产品。制造业的高度发达能够衍生出更多的服务化需求，反之，没有了先进的制造业，服务型制造也就成了无源之水、无本之木。

中国工程院原院长周济在 2017 年世界智能制造大会上表示，今后三到五年，中国将重点推进采用新一代人工智能技术的远程运维服务，首先在风力发电、直升机、水表电表等领域重点推进，然后在整个制造业全面推广，形成在新一代智能服务方面的重点突破。在这个基础上我们将在整个制造业全面推进以智能服务为中心的产业模式变革，智能技术引领产融深度结合，使更多企业从生产型制造向服务型制造转变，实现更深层次的供给侧结构性改革。

## 思 考 题

1. 智能制造服务的内涵是什么?
2. 智能制造服务的关键技术有哪些?
3. 智能制造服务的应用场景有哪些?
4. 智能制造服务对先进制造业有哪些作用?

# 模块6 中国智能制造应用案例

## 学习目标

1. 了解潍柴动力股份有限公司智能制造现状。
2. 了解中车青岛四方机车车辆股份有限公司智能制造现状。
3. 了解陕西法士特汽车传动集团有限公司智能制造现状。

## 重点和难点

1. 潍柴动力股份有限公司智能制造路径规划。
2. 中车青岛四方机车车辆股份有限公司智能制造路径规划。

## 延伸阅读

冬奥会上的中国制造。

冬奥会上的
中国制造

智能工厂是当今工厂在设备智能化、管理现代化、信息计算机化的基础上达到的新阶段，其内容不但包含智能设备和自动化系统的集成，还涵盖了企业管理信息系统（MIS）的全部内容，包括人事系统、财务系统、销售系统、调度系统等方面。

## 单元 1　潍柴动力股份有限公司

潍柴动力股份有限公司（以下简称“潍柴动力”）通过智能制造整体战略布局，构建了较为全面的研发、生产、运维体系，建立了企业级的统一数据中心，信息覆盖率达到92%，实现了集团、分/子公司信息系统和第三方的数据共享。通过应用智能化快速设计系统（IRDS）、产品数据管理系统（PDM）、工艺管理平台（WPM）实现了基于知识库的产品设计和工艺设计。基于自主研发的ECU（电子控制单元）模块，开发了智能测控及标定系统，实现了发动机数据采集、状态监控、寿命及故障预测等功能，为用户提供了优质的售后及增值服务。

### 6.1.1　企业简介

潍柴动力成立于2002年，公司致力于打造品质、技术和成本三大核心竞争力的产品，成功构筑起了动力总成（发动机、变速器、车桥、液压）、汽车业务、工程机械、智能物流、豪华游艇、金融与服务等产业板块协同发展的格局，拥有“潍柴动力发动机”“法士特变速器”“汉德车桥”“陕汽重卡”“林德液压”等品牌。

潍柴动力拥有内燃机可靠性国家重点实验室、国家商用汽车动力系统总成工程技术研究中心、国家商用汽车及工程机械新能源动力系统产业创新战略联盟、国家专业化众创空间等研发平台，设有“院士工作站”“博士后工作站”等研究基地，建有国家智能制造示范基地。在潍坊、上海、西安、重庆、扬州等地建立研发中心，并在美国、德国、日本设立前沿技术创新中心，搭建起了全球协同研发平台，确保企业技术水平始终紧跟世界前沿。

### 6.1.2 实施路径规划

潍柴动力打造“品质、成本、技术”三个核心竞争力作为企业的核心战略举措，并长期围绕产品交付的质量、服务及客户体验为目标，依托良好的品牌形象构建潍柴动力的商业模式。潍柴动力智能制造总体目标如图6-1所示。

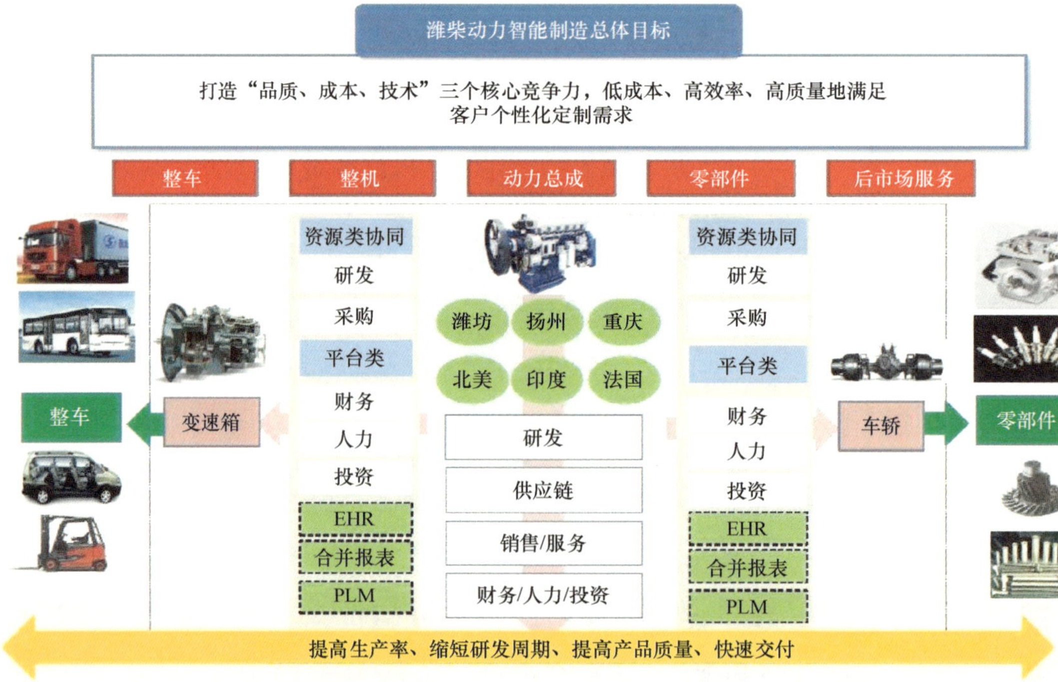


图6-1 潍柴动力智能制造总体目标

潍柴动力智能制造的总体目标是以整车整机为龙头，以动力系统为核心，成为全球领先、拥有核心技术、可持续发展的国际化工业装备企业集团。

近期目标：提升发动机板块的运营精细化和管控协同能力，并将其作为集团内的管理高地。

中期目标：实现集团内产业链上下游管控协同，降成本、提效率、增强产品匹配性与缩短研发周期。

远期目标：将潍柴动力的产业链模式在全产业链推广示范，提升全产业链协同增效。

### 6.1.3 潍柴动力智能制造现状

潍柴动力从 2003 开始进行大规模信息化建设，建成了“6 + N + X”的信息化体系架构。

第一，建成了 ERP、PLM、SRM 等六大业务运营平台，支撑了产品全生命周期的精细化管理和全球研发协同。

第二，建成了 BI、合并报表等 N 个支撑平台，实现了财务和运营数据的及时获取，为企业的科学、快速决策提供了数据支撑。

第三，建成了企业的数据总线、核心网络等 X 个基础设施，在全球范围搭建了数据的高速通道，实现了核心业务数据的集中存储、传递和分析。

潍柴动力利用 CPS、云计算、大数据等新一代信息技术建立以工业通信网络为基础、装备智能化为核心的智能工厂，培育以网络协同、柔性敏捷制造等为特征的智能制造新模式，探索智能制造新业态，“低成本、高效率、高质量”地满足客户个性化定制需求，为客户创造超预期的价值。

#### 1. 潍柴动力智能工厂架构

潍柴动力建立了智能工厂的统一智能管理与决策分析平台，无缝集成与优化企业的虚拟设计（PDM）、工艺管理（WPM）、制造执行（MES）、质量管理（QMS）、设备远程维护、能耗监测、环境监控和供应链（ERP）等，实现智能工厂的科学管理，全面提升智能工厂的工艺流程改进、资源配置优化、设备远程维护、在线设备故障预警与处理、生产管理精细化等水平。潍柴动力智能工厂总体架构包括五个层次，如图 6-2 所示。

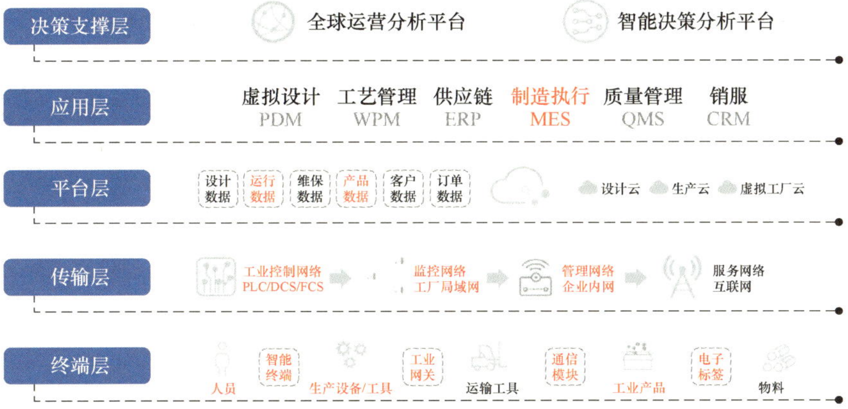


图 6-2 潍柴动力智能工厂总体架构

1）终端层包括生产设备、物料、工业产品、运输工具和人员等，实现终端的数据采集。

2）传输层包括工业控制网络、监控网络、管理网络和服务网络等，实现数据的传输。

3）平台层通过对数据的处理，形成设计数据、运行数据、维保数据、客户数据等数据库。

4）应用层针对产品全生命周期和运营管理，形成了 PDM、WPM、ERP、MES、QMS 和 CRM 六大信息化平台。

5）决策支撑层通过 BI、手机端等系统和工具实现智能决策和全球运营。

### 2. 生产制造业务域

生产制造业务域以自主开发的 MES 系统为核心，强化可视化管理和移动端的应用，与大数据平台进行数据的实时传输和存储，及时为生产现场提供决策支持。建设的系统包括制造执行系统（MES）、企业资源计划（ERP）系统、仓储管理系统（WMS）、企业资产管理系统（EAM）、潍柴质量系统（WQM）等，具体如图 6-3 所示。

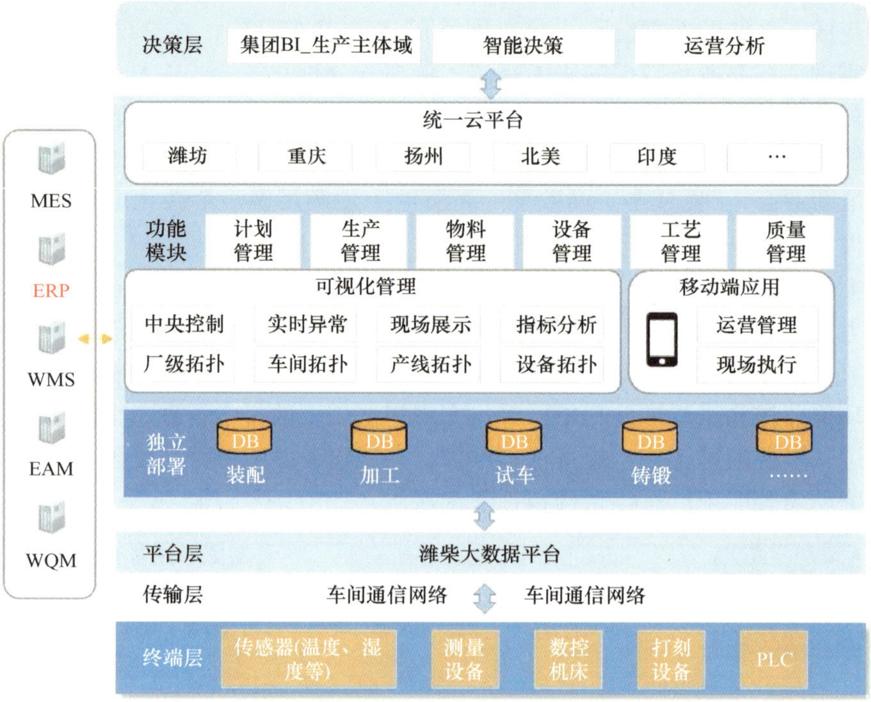


图 6-3 潍柴动力生产制造业务域智能制造架构

应用效果：

1）建成功能模块化、现场高可视化、管理高移动化、平台建设云化的制造管理智能平台，成为行业领先实践者。

2）潍柴动力大数据平台互联、采集、分析、应用生产过程数据，实现设备部件寿命预测。

3）建立全智能、自动化的现代物流仓储系统，保持高效率和可靠的物流运作。

### 3. 设计研发业务域

设计研发业务域以 PDM 为核心，实现了研发业务域项目管理、产品全生命周期管理和产品数据管理。建设的系统包括产品数据管理系统（PDM）、潍柴智能化快速设计系统（IRDS）、产品应用开发系统（PADS）、供应商协同设计系统（SCD）、仿真数据管理系统（SDM）、试验导航管理系统（WETP）、工艺管理平台（WPM）、智能标定系统（WICS），如图 6-4 所示。

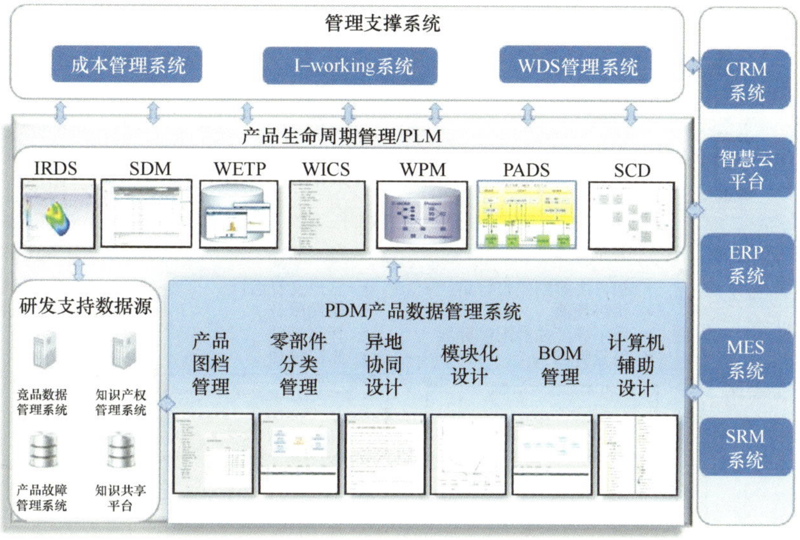


图 6-4 潍柴动力设计研发业务域智能制造架构

应用效果：

1）实现“客户洞察-产品设计-产品仿真-产品标定-产品试验”过程数据贯通。

2）搭建全球云设计平台，实现六国十二地协同研发，实现研发共同体企业降本增效。

3）打造智慧云平台，实现产品运行数据实时采集分析，为产品全生命周期研发提供数据支持。

### 4. 销售服务业务域

销售服务业务域从终端用户的体验出发，搭建的系统与 MES、WMS 等系统进行无缝集成。同时，通过 APP 和微信公众号等方式实时服务客户，覆盖了终端客户 300 万人、服务站 5000 家以上。建设的系统包括客户交互中心、备品业务平台（SSP）、服务系统和客户服务系统（CRM），如图 6-5 所示。

应用效果：

1）发动机交付过程全程跟踪，实现需求、发货、订单、开票、销售全业务流程管理，实现需求到入库全过程追踪。

2）建立 360°客户画像，实现客户基本信息、营销销售信息集中展示，助力精准营销。

3）通过移动 APP 实现维修人员过程跟踪，如派工轨迹记录、现场拍照、一键报单。

## 6.1.4 潍柴动力智能制造实施成效

潍柴动力产品研发以互联网为支撑，在全球范围搭建了六国十二地协同研发平台，提升新产品研发效率 20% 以上。以生产配套海监船的发动机为例，通过北美先进排放技术研究、潍坊和法国博杜安研发中心协同设计、杭州仿真验证的四地协同研发模式，研发周期由原来的 24 个月缩减至 18 个月，整体研发效率提升 25%。打造发动机数字化生产车间，以潍柴动力 WP10/12 系列发动机生产车间为例，关键设备数控化率达 80%，生产率提高 30%，年

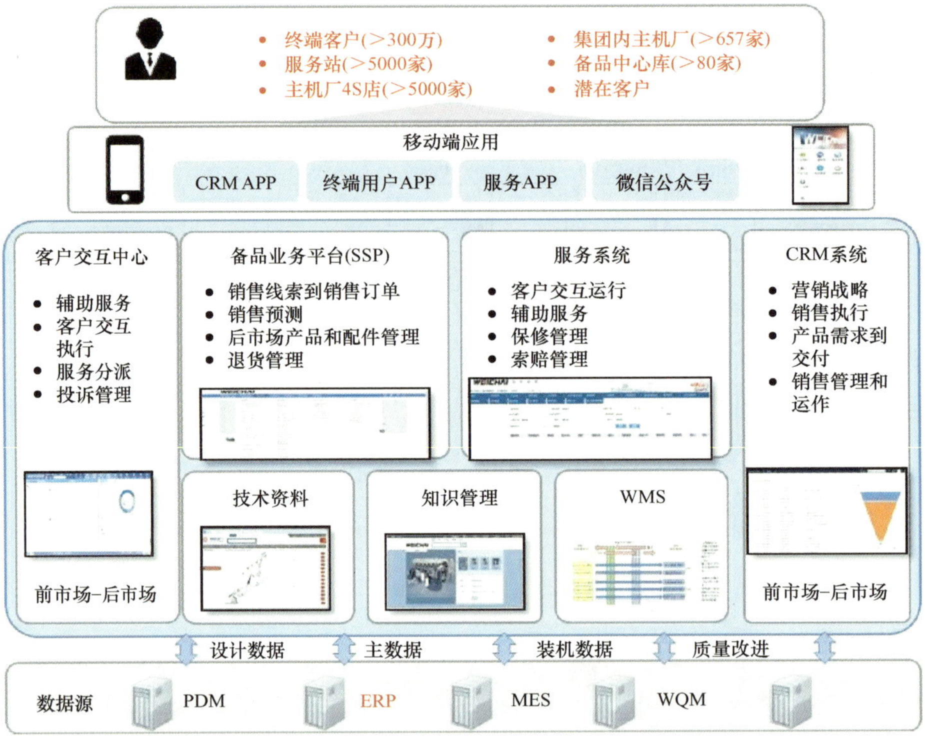


图 6-5 潍柴动力销售服务业务域智能制造架构

产能达到 40 万台；能耗降低 30%，人员减少 40%。通过智能制造的实施，企业各项指标均有明显提升。整体实施成效见表 6-1。

表 6-1 潍柴动力智能制造整体实施成效

| 序号 | 指标名称 | 计算公式 | 整体成效 |
|---|---|---|---|
| 1 | 装备联网率 | SCADA 或 DCS 等控制层相连的装备台数/装备总台数 | 36.90% |
| 2 | 应用工业机器人、数控机床、自动化单元的（装置）数量占生产设备总数的比例 | — | 70% |
| 3 | 库存周转率 | 该期间的出库总金额/该期间的平均库存金额 ×100% | 17.50% |
| 4 | 产品不良率 | （试车返工降低率 ×0.2 + 零千米故障降低率 ×0.1 + 产品质量提升率 ×0.7）×100% | 0.315% |
| 5 | 设备可动率 | （每班次实际开机时数 − 设备异常时间）/每班次实际开机时数 ×100% | 99.38% |
| 6 | 产品研制周期缩短率 | （1 − 建设后产品研制周期/建设前产品研制周期）×100% | 25% |
| 7 | 车间生产运营成本降低率 | 产品单台设计成本降低率 ×0.75 + 储备资金占有率 ×0.2 + 百元销售收入质量成本降低率 ×0.05 | 37.26% |
| 8 | 人均生产效率提高率 | （订单及时交付提升率 + 计划预排产时间提升率 + 产品在线时间降低率 + 生产节拍降低率）/4 | 41.33% |

# 单元2 中车青岛四方机车车辆股份有限公司

中车青岛四方机车车辆股份有限公司（以下简称“中车青岛四方”）以高速动车组核心部件——转向架车间为实施载体，以关键制造环节智能化为核心，以网络互联为支撑，研发适用于轨道交通装备行业的先进制造技术和装备，实现了高速动车组转向架的智能制造。通过智能装备、智能物流、制造执行系统（MES）、运营决策系统的集成应用，实现转向架生产过程的优化控制、智能调度、状态监控、质量管控，增强生产过程透明度，提高生产率，提升产品质量，打造生产率高、产品质量好、制造柔性高且满足多品种并行生产、个性化产品定制的转向架智能制造模式。

## 6.2.1 企业简介

中车青岛四方是中国中车股份有限公司下属的控股子公司，是中国高速动车组产业化基地、国家轨道交通装备产品重要出口基地。该公司拥有国家高速动车组总成工程技术研究中心、高速列车系统集成国家工程实验室、国家级技术中心、国家级工业设计中心、博士后科研工作站和经国家实验室认可的计量检测中心等六大国家级研发试验机构，并在德国、英国和泰国建立海外研发中心。中车青岛四方 2020 年销售收入达 458 亿元。中车青岛四方的主营业务包括高速列车、地铁/轻轨车辆、高档铁路客车和内燃动车组等高端轨道交通客运装备产品的研发、制造、检修和服务。

中车青岛四方在高速动车组、城际（市域）动车组、城轨车辆的研发制造上处于行业内的领先地位。中国首列时速 200km 高速动车组、首列时速 300km 高速动车组、首列时速 380km 高速动车组、首列“复兴号”动车组、首列城际动车组和首列中国标准地铁列车均诞生于此。目前，公司已形成了不同速度等级、适应不同运营需求的高速动车组和城际（市域）动车组系列化产品。公司自主研制的 CRH380A 型高速动车组创造了 486.1km/h 世界铁路运营试验速度。研制的“复兴号”CR400AF 动车组实现 350km/h 运营。牵头研制的 600km/h 高速磁浮交通系统已成功下线。

## 6.2.2 实施路径规划

随着我国铁路和城市轨道交通建设进程的加快，路网规模迅速扩大，产品技术不断升级，系统集成度逐步提高，轨道交通运营方式向网络化和多样化发展，对轨道交通的安全性、可靠性提出了更高的要求。

中车青岛四方正处于结构调整、转型升级的关键期。以前中车青岛四方生产转向架的基本方式为单机生产、手工组装，自动化程度低，生产率不高，生产过程柔性差。主要表现：生产方式过多依赖于工人的操作技能，质检大多靠人工检测，物料配送通过电话催料，现场数据靠人工采集与小票统计，生产计划靠人工传达；各信息系统相互独立，业务流程没有打通，数据需要人工多次录入系统；制造现场设备数控化率较低，以人工生产线为主，生产率不高，产品质量保障成本较高。

为了解决劳动力密集、生产率低、工作量大、产品质量保障成本高等问题，中车青岛四方选取最具代表性的高速动车组核心部件——转向架车间为实施载体，开展智能制造试点，打造数字化车间，以关键制造环节智能化为核心，以网络互联为支撑，研发适用于轨道交通装备行业的先进制造技术和装备。中车青岛智慧四方 2025 愿景如图 6-6 所示。

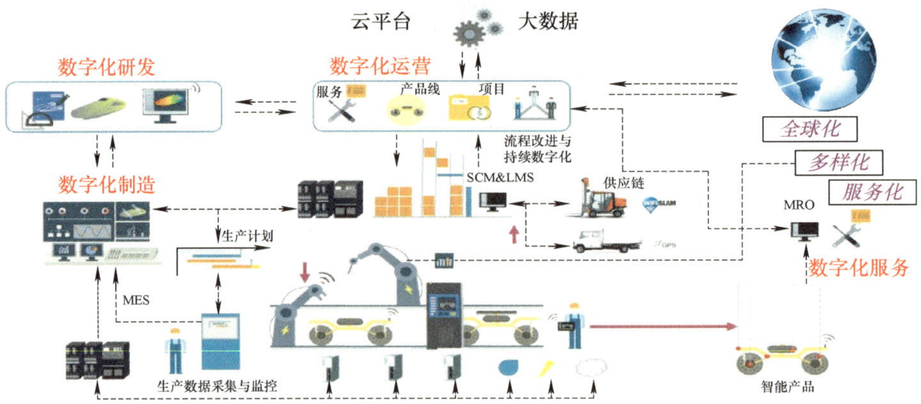


图 6-6　中车青岛智慧四方 2025 愿景

## 6.2.3　中车青岛四方智能制造现状

中国高铁是“引进、消化吸收、再创新”的代表作，通过建设转向架智能车间，一方面可大大降低生产过程中对人工技能的依赖，生产出更高品质的产品；另一方面可大幅度提高劳动生产率，加快产品创新速度，提高产品质量和附加值，加快企业转型，显著增强企业核心竞争力。

转向架是高速动车组的关键零部件，其制造涵盖了加工、焊接、装配等多种工艺类型，具有批量、单件、流水线等多种生产组织方式。中车青岛四方智能制造以转向架为落脚点，实现转向架产品的数字化研发、数字化制造、数字化运营、数字化服务的智能制造新模式。中车青岛四方转向架智能车间整体框架如图 6-7 所示。

### 1. 应用大型高档数控机床和重载机器人，提升关键零部件制造水平

为解决传统制造模式下转向架关键零部件——构架和轮轴产品质量一致性差、制造成本高等问题，中车青岛四方通过分析主要工艺流程，对关键工序进行了智能化改造。通过研发自动组焊、打磨、加工、喷涂、人机交互、条码技术、自动异常监控等工艺，实现构架和轮轴的自动化上下料、加工、焊接、喷涂，生产率提升 20% ~30% 。在轴承压装、转向架装配工序，研制应用精密重载装配机器人、六轴搬运机器人，攻克了机器人吊装与精准移送、部件自寻位精确定位、自动检测与调整等难题，实现了基于机器人的零部件精准自动装配，生产率提升约 60% 。

### 2. 研发智能传感与控制装备，提高关键装备利用率

为了降低构架焊缝打磨、构架清洗、轴承压装等工序的制造成本，改善作业环境，中车青岛四方研制了 180 多种智能传感与控制装备，通过智能传感与控制装备替代人工完成复杂的生产作业。为了提高构架加工设备利用率，将数控龙门加工中心、检测设备联网集成，应用 RFID 实现构架型号自动识别，研发数据采集与控制系统控制数控程序自动下载及删除、

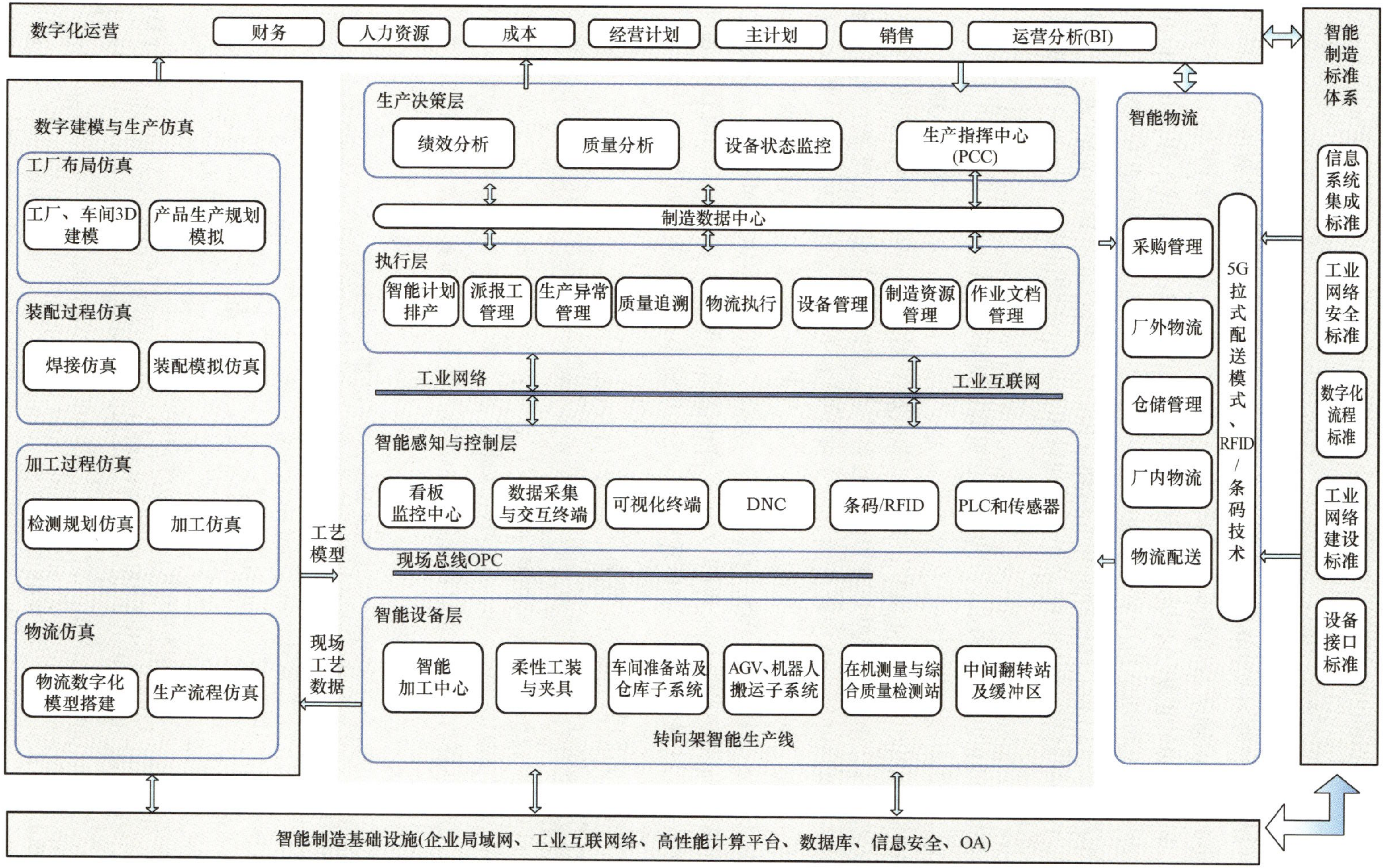


图 6-7 中车青岛四方转向架智能车间整体框架

工作台自动交换、设备自动起停，实时监测主轴负载，出现异常实时报警，实现了构架加工一人多机控制，生产率提高10%。

**3. 研制智能检测与装配装备，全面提升关键工序的效率和质量**

为了解决装配和检测工序工作量大、检测结果易受测量人员技能水平影响的问题，中车青岛四方开展了智能检测及装配装备的研制。通过智能装备集成视觉识别技术，轴承检测、转向架落成工序实现轴承自动抓取、转向架自动落成，生产率提高约10%；基于传感器、工业网络，转向架螺栓扭矩、齿轮器轴承温度、转向架关键尺寸检测等工序实现了检测结果在线实时监控、系统自动防错技术的全面应用，切实提升产品质量保障能力。轴承检测工序采用激光测试、视觉识别、振动频谱和大数据分析技术，配合智能装备应用，改变了传统人工检测、人工识别缺陷、人工装配方式，实现轴承故障诊断精准度提升60%、装配效率提升30%以上。

**4. 实现五大信息系统的集成，打通全生命周期数据链和业务链**

打通数据链是实现智能制造互联互通的核心，以前PDM、ERP、MES、QMS、MRO五大系统各自独立运行，数据不能共享，需要技术人员手动输入，存在效率低且质量得不到保证的问题。据统计，中车青岛四方因“信息孤岛”导致技术人员工作量增加了30%。目前，通过对各系统的接口开发，中车青岛四方已实现上述五大核心系统互联互通，PDM可以将研发的图样、物料、BOM、工艺文件、工艺路径、工作中心等数据直接传入ERP、MES；制造过程数据从MES直接传入QMS。通过PDM、MES、ERP、MRO、QMS等信息系统的建设与集成，中车青岛四方实现了以BOM为核心的数据贯通和以业务为核心的流程贯通，建立全生命周期产品信息统一平台。中车青岛四方五大信息系统集成关系如图6-8所示。

### 6.2.4　中车青岛四方智能制造实施成效

中车青岛四方针对实施智能制造的主要任务，分重点、分层次、分环节、自上而下地进行顶层设计，初步建成了转向架智能制造工厂，生产率提升22.5%，产品研制周期缩短37.16%，产品不良品率降低33%，运营成本降低23.8%，能源利用率提升10%。2019年，入选国家智能制造标杆企业。通过智能制造的实施，企业各项指标均有明显提升。整体实施成效见表6-2。

表6-2　中车青岛四方智能制造整体实施成效

| 探索实践 | 典型用例 | 整体成效 | |
|---|---|---|---|
| 借助信息技术与先进制造技术的融合，实现企业流程再造、智能管控、组织优化，打造复杂装备、离散制造、订单驱动模式下的智能制造新模式 | 智能车间数字化建模与生产仿真 | 生产率 | 提升22.5% |
| | 引入智能焊接、喷涂生产线 | | |
| | 搭建数字化研发平台 | 产品研制周期 | 缩短37.16% |
| | 在设备层配置数控加工、焊接、检测等智能设备 | 产品不良品率 | 降低33% |
| | 建立设备数据实时采集控制系统 | | |
| | 建立产品运维大数据平台 | 运营成本 | 降低23.8% |
| | 引入能源管理系统 | 能源利用率 | 提升10% |

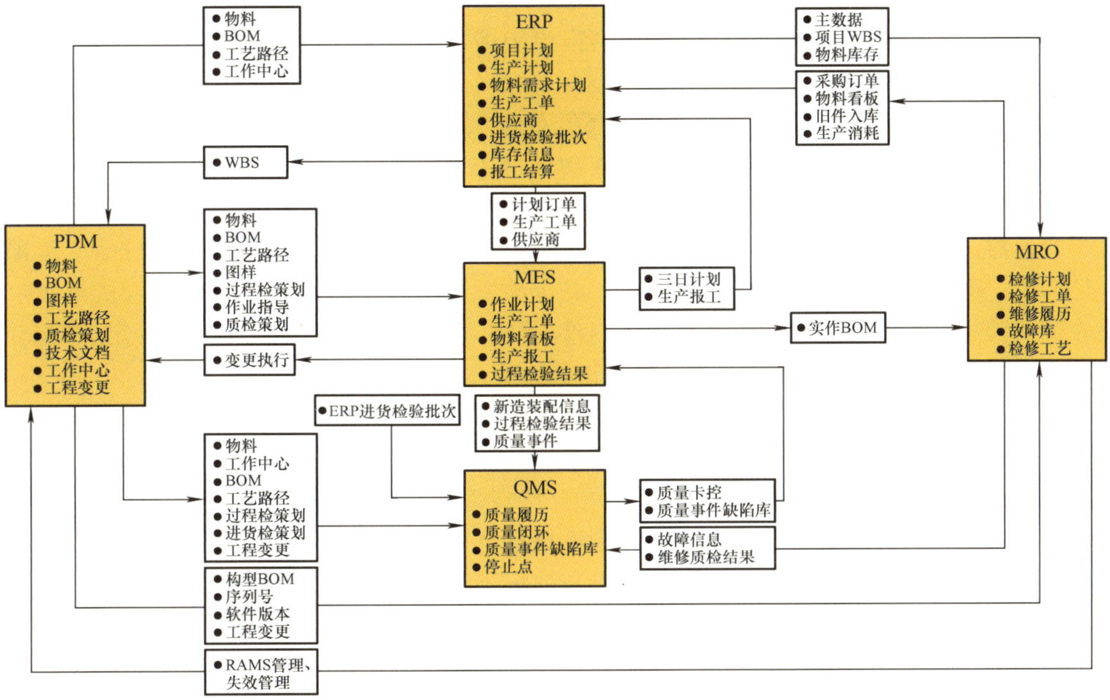


图 6-8　中车青岛四方五大信息系统集成关系

# 单元 3　陕西法士特汽车传动集团有限责任公司

秉承数字赋能企业高质量发展战略，陕西法士特汽车传动集团有限责任公司（以下简称“法士特”）率先在行业建成首家黑灯工厂，成功应用数字孪生、黑灯生产等六大核心技术，通过万物互联、数字感知、数据驱动等智能化、数字化高新技术，企业生产效率提高 70%，能源消耗降低 14%，人均产值提高 5 倍多，实现了智能制造跨越升级。截至目前，企业关键工序数控化率已达 98%，100 多条生产线先后实现数字化升级换代，成功入选全国首批“数字领航”企业榜单。智能制造深度普及，先后荣获“国家知识产权示范企业”“首批制造业单项冠军示范企业”“智能制造示范企业”“国家级绿色工厂”“零碳工厂”和国企改革“双百企业”，荣登中国汽车工业 30 强、中国机械工业 100 强、中国制造业 500 强，步入国际国内汽车零部件“双百强”行列。

陕西法士特汽车传动集团有限责任公司智能工厂案例

## 6.3.1　企业简介

法士特始建于 1968 年，是全球最大的商用车变速器生产基地和世界高品质汽车传动系统及高端装备智能制造综合解决方案供应商。截至 2023 年，企业各项经营指标连续 21 年名列中国齿轮行业第一，重型汽车变速器年产销量连续 18 年稳居世界第一。先后获得“全国先进基层党组织”“全国五一劳动奖状”“全国文明单位”“全国模范劳动关系和谐企业”“全国模范职工之家”“国家科技进步一等奖”“中国工业大奖”“全国企业文化建设最佳实践企业”等多项殊荣。

近年来，法士特始终聚焦汽车传动、汽车安全、新能源、农业装备、工程机械、智能制造、智能驾驶、高精齿轮八大产业领域，成功推出法士特智行、法士特易行、法士特蓝驰等多款智能化、高端化、国际化新产品，为全球商用车创新发展提供了最优配置。已建成重型汽车变速器、中轻卡变速器、客车变速器、AT 液力自动变速器、AMT 机械式自动变速器、S 变速器、液力缓速器、离合器、减速器、混合动力、汽车零部件、工业制造母机等 15 个核心产业园区和制造基地。主导产品被国内外 150 多家主机厂、上千种车型选为定点配套产品，变速器市场销量接近 1200 万台，国内市场占有率超过 70%。

## 6.3.2 法士特智能制造现状

2024 新年伊始，在位于西安高新区的法士特高智新工厂，一台台黄色工业机器人灵活地转动机械臂，娴熟地完成各项作业。数十辆橘黄色物流小车来回穿梭，精准有序将各类生产物资送达到位。智慧大屏上各类信息图表与数字不断更新，生产经营动态一览无余。

法士特高智新工厂是陕西法士特汽车传动集团有限责任公司贯彻落实“十四五”规划，围绕创新链布局产业链的战略抉择，是企业加快推动传统制造向智能制造转型升级，全面完成全系列商用车智能传动系统战略布局的生动实践，获得了国家智能制造示范、全国首批“数字领航”企业等多项殊荣，已成为陕西装备制造业加快数智融合共生、推动新旧动能转换的靓丽“名片”。

该工厂以“工业 4.0”“智能制造”理念为指导，应用新一代信息技术、工业互联网技术，构建虚实融合、数据驱动、要素互联、全域追溯、全流程自动化的智能制造系统，成功应用“数字孪生、黑灯生产、万物互联、智能决策、绿色制造、数据闭环”六大核心技术，实现制造过程“透明、黑灯、数字、智能、绿色、精益”，打造智能化生产、数字化运营、网联化管理新高地，在汽车传动领域树立起智慧工厂新标杆。

### 1. 透明工厂

透明工厂指的是数据透明，各生产节点和生产过程都完全透明、可被了解。譬如实现“生产原料和设备都可以追溯”“工艺流程和产品流向都可以查询”等能力。面对的不仅是生产商、经销商，还有消费者。

作为一种智能制造新模式，透明工厂已引发越来越多的关注。它是数字化时代智能工厂的新版本，也是商业文明进化的新实践。对于众多制造业企业，及时了解和创建透明工厂，是企业数字化进程中最为重要的课题之一。

法士特高智新工厂通过大量应用建模仿真和数字孪生等工业 4.0 关键核心技术，在虚拟空间模拟工厂实际生产活动，实现物理工厂和虚拟工厂交互映射，从而不断优化工厂布局，实现机械加工、物流、装配等生产环节的节拍验证和虚拟调试，并借助 AR 等技术手段，将复杂的生产过程变得更加透明，如图 6-9 所示。

### 2. 黑灯工厂

黑灯工厂即智慧工厂，从原材料到最终成品，所有的加工、运输、检测过程均在空无一

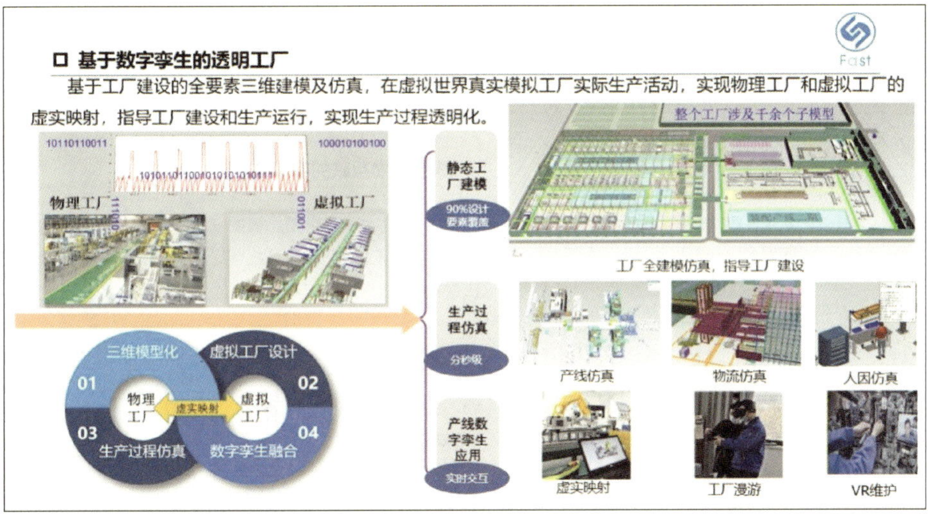


图 6-9　法士特高智新透明工厂

人的黑灯工厂内完成，无需人工操作，把工厂交给机器，工业机器人最直接的目的就是取代工厂人力，降低生产成本，提高生产效率。

法士特高智新工厂以机加工全自动化、人力生产精简化为原则，打造“稳定化、自动化、柔性化”生产线，机加产线自动化率达到 100%，装配自动化率达到 70% 以上，产线开动率达到 90% 以上，并辅有“智慧物流、万物互联”支撑、“智能决策”应用和信息化系统调度，最终实现黑灯生产，如图 6-10 所示。

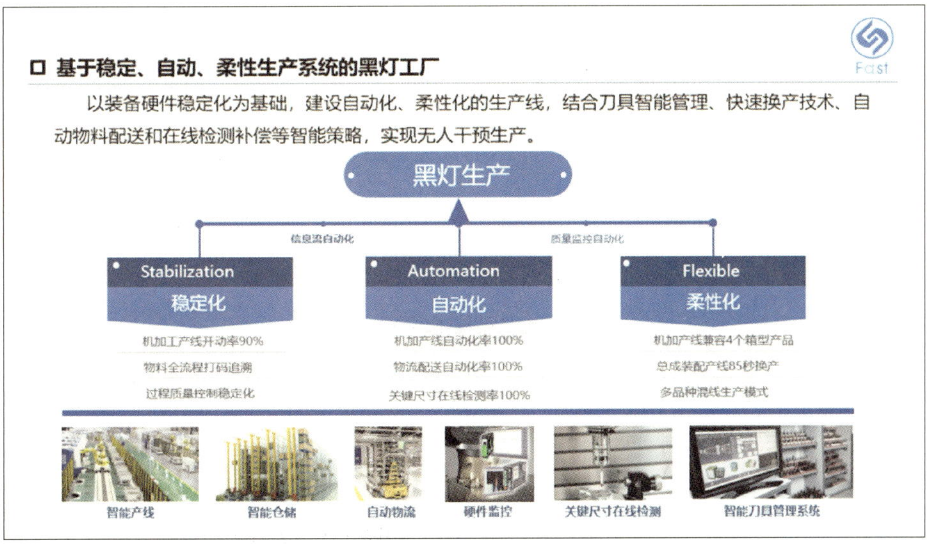


图 6-10　法士特高智新黑灯工厂

### 3. 数字工厂

数字工厂是指在计算机虚拟环境中，对整个生产过程进行仿真、评估和优化，并进一步扩展到整个产品生命周期的新型生产组织方式，是现代数字制造技术与计算机仿真技术相结合的产物，主要作为沟通产品设计和产品制造之间的桥梁。

法士特高智新工厂以物联网建设为基础，借助5G等通信联网技术，将人、机、料、法、环、测、能七大生产要素，通过传感器等多种感知技术采集数据，实现生产要素全面数据化、互联化。在法士特高智新工厂，每秒汇集10万余条数据，生产数据自动采集率和传输率达到100%，实现生产要素100%的身份管理、80%的数据采集和50%的控制下发，如图6-11所示。

图6-11　法士特高智新数字工厂

### 4. 智能工厂

智能工厂是利用各种现代化的技术，实现工厂的办公、管理及生产自动化，达到加强及规范企业管理、减少工作失误、堵塞各种漏洞、提高工作效率、安全生产、提供决策参考、加强外界联系、拓宽国际市场的目的。智能工厂实现了人与机器的相互协调合作，其本质是人机交互。

法士特高智新工厂以业务数字化推动运行智能化，形成能源、照明、物流、生产、园区、运营及设备维护七大智能化场景，实现整个工厂智能决策、高效运转。通过能源数据化、可视化运行监控，实现能源动力自动控制；通过灯联网，实现人员定位和智慧照明；通过仓储物流自动化调度，实现智慧物流；通过智能排产、任务推送以及生产要素智能化管理，实现智能生产；通过BI、大数据和云计算等技术，实现智能运营，如图6-12所示。

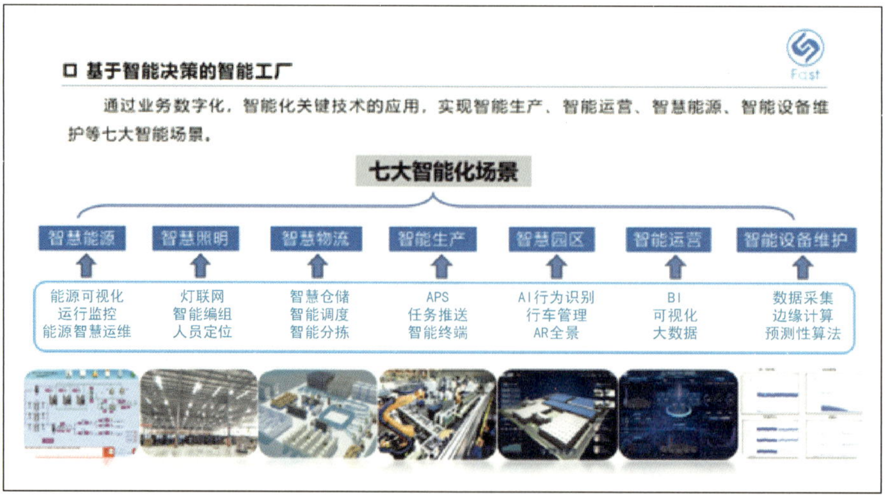


图6-12　法士特高智新智能工厂

### 5. 绿色工厂

绿色工厂是指实现了用地集约化、原料无害化、生产洁净化、废物资源化、能源低碳化的工厂。绿色工厂是制造业的生产单元，是绿色制造的实施主体，属于绿色制造体系的核心支撑单元，侧重于生产过程的绿色化。绿色工厂也注重资源的循环利用，通过回收利用废弃物和减少能源消耗来降低生产成本。

法士特高智新工厂始终以绿色、低碳、循环再生为建设方向，采用光伏发电、智慧能源管理、绿色辅料、绿色工艺、循环包装、集中处理、循环再利用等 30 多项先进技术，实现能源辅料低碳化、生产环境人文化、资源利用高效化、废弃处理无害化，达到年降碳 7000t、能效利用率超过 95%、PM2.5 达“优”排放、三废处理 100% 无害，有效落实国家碳减排政策，成为行业新名片，如图 6-13 所示。

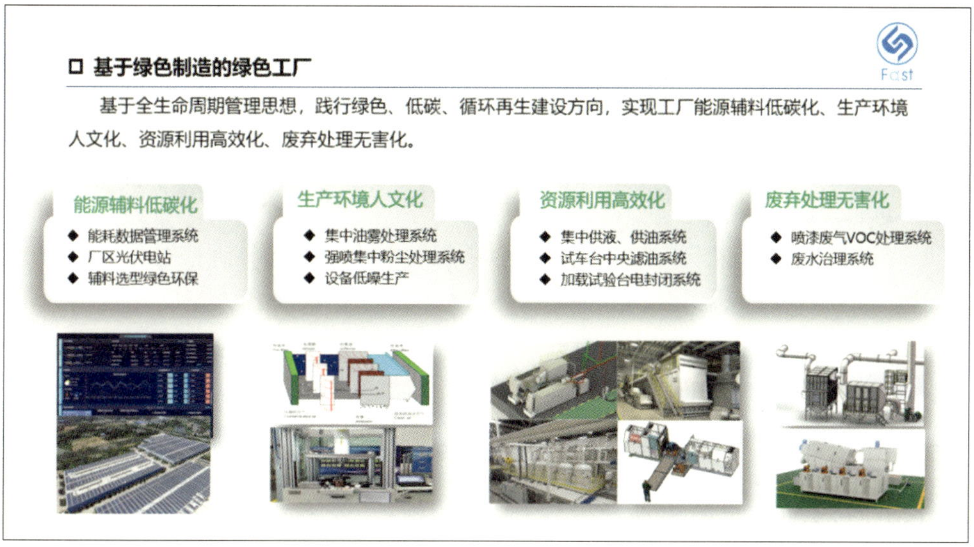


图 6-13 法士特高智新绿色工厂

### 6. 精益工厂

精益生产是一种以客户为导向的生产模式，通过最小化浪费和增加价值来提高效率和质量。在这种模式下，精益工厂布局是一种优化工作流程、减少浪费、提高效率的方法。

法士特高智新工厂不断加大数字化系统建设，系统构建工艺、生产、物流、质量四大闭环系统，全域监控流程，精准持续改善，打造精益工厂。工艺闭环打通研发与生产的数据流，确保工艺执行透明可控；生产闭环通过智能排产、过程监控及要素分析，实现精细化管控与全流程追溯；物流闭环采用智能化仓储管理与 AGV 调度系统，实现自动化物流拉动生产；质量闭环通过全面质量管理，实时动态监控质量，支撑质量分析与改进，如图 6-14 所示。

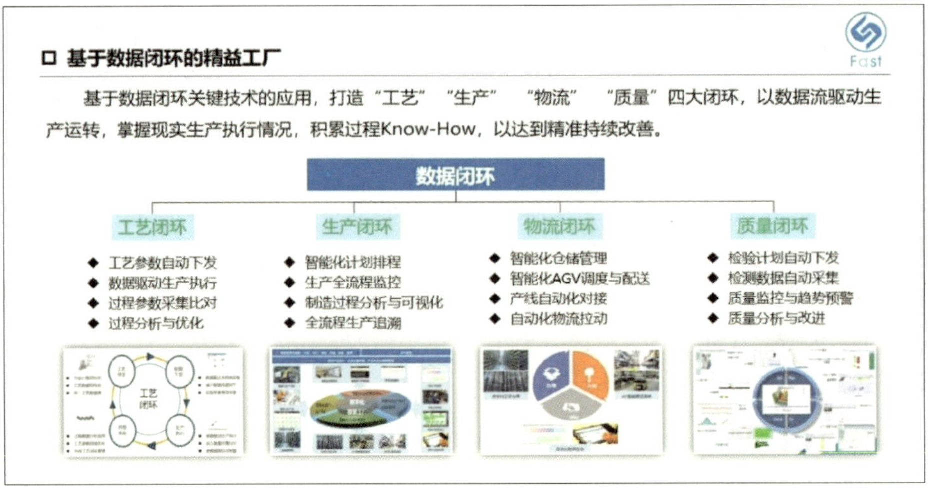


图 6-14　法士特高智新精益工厂

## 单元 4　中国典型离散制造型企业数字化转型与智能化升级路径

制造业是国家的经济基础，是立国之本、兴国之器、强国之基；作为我国实体经济的主体，是国民经济体系的重要组成部分。按照产品制造工艺过程的特点，制造业总体上可以分为离散制造、流程制造和混合制造。离散制造是指产品的生产过程通常被分解成很多加工任务来完成，每项任务仅要求企业的一小部分能力和资源。企业一般将功能类似的设备按照空间和行政管理建成一些生产组织（部门、工段或小组）。在每个部门中，工件从一个工作中心到另外一个工作中心进行不同类型的工序加工。企业常常按照主要的工艺流程安排生产设备的位置，以使物料的传输距离最小。另外其加工的工艺路线和设备使用也非常灵活，在产品设计、处理需求和订货数量方面变动较多。

离散制造的产品往往由多个零件经过一系列并不连续的工序加工，最终装配而成。加工此类产品的企业可以称为离散制造型企业。离散制造型企业包括家电、家居、纺织、食品、航空航天、国防装备、船舶、电子设备、机床、汽车等行业，在我国制造业中占有较大比重，是解决就业等民生问题的重要产业，与居民生活息息相关。离散制造型企业中虽有航空、汽车、电子等数字化、智能化水平领先的行业，但也有自动化、数字化水平较低的通用及专用设备等行业，面临效益偏低、成本较高的现实挑战。同时，我国传统离散制造型企业发展存在产能过剩、利润率不高、市场竞争激烈等制约因素，迫切需要加快转型升级和提质增效，以及进行数字化转型与智能化升级。

### 6.4.1　离散制造型企业的典型特征

传统离散制造型企业普遍存在自动化、数字化水平较低，基础支撑技术薄弱，产品附加值低，制造过程资源、成本和能耗较高，污染严重等问题，发展智能制造是推进离散制造型企业提质增效，促进中国制造业由大变强的重要支撑。离散制造型企业的典型特征可概括为以下 9 个方面。

1. 企业维度

离散制造型企业细分门类多，且各个企业的产品及其市场需求都具有不同特点，如生产批量、制造模式、工艺流程等。各个行业的企业的规模不同，数字化、信息化、自动化以及管理运营水平也有明显差异，相应业务需求和未来发展路径也不相同。因此，离散制造型企业之间在应用基础、市场需求、关注点、知识壁垒、商业模式等方面存在显著差异。

2. 产品全生命周期维度

离散制造型企业涉及研发设计、生产制造、销售、运维服务、回收等多个环节，在应用场景、领域知识复杂度、管理方式等方面都具有很大的差异性，而各个环节之间既独立存在又具有很强的关联性。

3. 工艺流程维度

工艺流程主要有按订单、库存生产，多品种、小批量或单件生产，产研并重、混线生产，生产设备不按照产品而按照工艺进行布置、生产等。

4. 自动化水平维度

自动化水平主要指单元级的自动化水平。离散制造型企业的自动化水平较低，需要对每个单件、每道工序的加工质量进行检验，操作人员的技术水平将在很大程度上决定产品的质量和生产效率。

5. 生产计划管理维度

产品的工艺过程经常变更，需要具有良好的计划能力和生产系统支撑。

6. 批号管理和跟踪维度

对批号进行管理和跟踪。

7. 作业计划调度维度

根据优先级、工作中心能力、设备能力等对工序级和设备级的作业计划进行调度。

8. 数据采集维度

以手工上报为主，结合条形码采集等半自动化信息采集技术，进行人员、设备、物料、质量等基本信息的采集。

9. 设备管理维度

可以进行同一种加工工艺的机床一般有多台，单台设备故障不会对整个产品线的加工过程造成严重影响。

### 6.4.2 离散制造型企业数字化转型与智能化升级面临的挑战

1. 应用基础薄弱

数字化转型与智能化升级的前提是强化应用基础。数字化、信息化发展的不平衡和不充分是我国离散制造型企业当前的主要矛盾。第五代移动通信技术（5G）等先进信息技术为离散制造型企业转型升级提供了技术支撑。离散制造型企业虽然规模大、门类广，但自动化水平低、改造成本高且难度大，阻碍了离散制造型企业的转型升级。针对离散制造型企业的需求和痛点，强化智能制造的应用基础与平台推广是我国离散制造型企业转型升级的挑战之一。

**2. 关键技术缺乏**

离散制造型企业数字化转型与智能化升级的基础在于提升关键技术。我国工业的发展相较于发达国家起步晚、时间短、底子薄，自主可控技术整体偏少。目前，数字化转型与智能化升级所依赖的工业装备、工业软件等核心技术，在很大程度上仍依赖进口。关键技术的发展是企业对行业制造工艺的长期积淀与探索，也是外部合作机构深入理解企业生产与运作方式并开展有效合作的前提。关键技术自主可控作为我国实现离散制造型企业跨越式发展和提质增效的重要基础，也是其面临的重要挑战之一。

**3. 人才与文化资源短缺**

离散制造型企业的数字化转型与智能化升级关键在于加强人才培养。科技创新归根结底是人才的创新，而人才短缺是离散制造型企业转型升级过程中不可忽视的短板。数字化转型与智能化升级是文化重塑的过程，敏捷、试错、反思、学习、尊重、平等、用户导向是更适应智能化时代的新文化。“自上而下”形成共识，以人为本、服务于人、激发全员主动性，这是离散制造型企业转型升级的重要保障。需要加强行业人才与文化建设，激活人才创新内部动力。

**4. 数据汇聚利用困难**

数字化转型与智能化升级的要素包括众多数据的汇聚利用，因而结构化、完整、准确、可靠、实时的数据汇聚利用是转型升级的前提。企业工业设备、传感器等协议类型多样且数字化、智能化程度较低，致使数据采集不完备、不准确；数据安全和数据所有权等敏感问题导致企业不愿贸然使用智能化平台；数据准确性不高、利用率低和应用场景缺乏的问题影响企业转型升级的积极性，在价值创造方面收效甚微。因此，确保相关数据汇聚并能准确、安全地利用，是推进离散制造型企业转型升级面临的又一挑战。

**5. 经济效益不明显**

数字化转型与智能化升级的根本目标是增加经济效益。目前，离散制造型企业中的部分大企业在自身业务发展需要、政策支持与引导资金投入的推动下率先进行了转型升级，但中小企业转型升级仍面临诸多挑战，如应用场景不明晰、转型成本高、收益低、转型成本难以抵消、市场化商业模式挖掘难等，导致转型升级动力不足。对中小企业而言，进一步提高转型升级效率和效益，挖掘可行的商业模式，不断深耕应用场景，打造高性能系统和平台，进而解决效益不明显和应用前景不清晰问题，这是离散制造型企业转型升级的长期挑战。

### 6.4.3 离散制造型企业数字化转型与智能化升级的共性关键技术

如图6-15所示，离散制造型企业数字化转型与智能化升级将深度融合先进制造技术、新一代信息技术、第一代人工智能（AI）技术等共性关键技术，从而提高研发生产效率，优化资源配置，创新商业模式，催生新业态和新技术。先进制造技术是工业技术生产的核心基础，也是离散制造型企业数字化转型、智能化升级技术体系中最重要环节；新一代信息技术开拓了与物理世界平行的虚拟世界，为人-机-物-法-环的交互、协同与共融提供了技术手段；新一代 AI 技术将推动社会经济从“数字经济”走向“智能经济”，催生一系列的新模式、新业态、新技术。

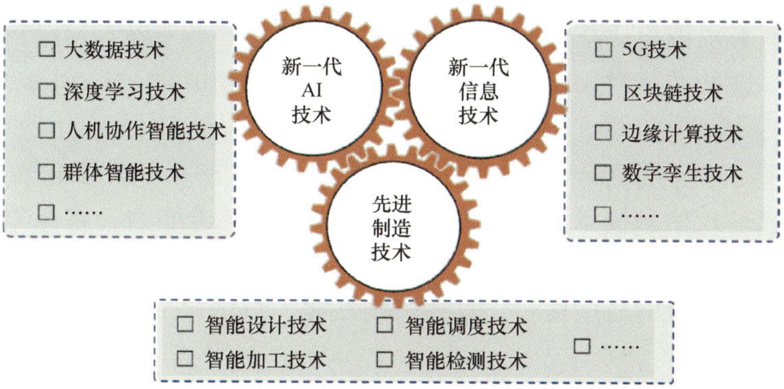


图 6-15　离散制造型企业数字化转型与智能化升级共性关键技术

## 1. 先进制造技术

先进制造技术是离散制造型企业数字化转型与智能化升级的基石和内核，涵盖产品全生命周期各个环节，主要包括智能设计、智能加工、智能调度、智能检测等技术。离散制造型企业中的生产设备、装配车间、物流系统等生产资料数字化的核心是工业知识及其数字化模型，如制造机理模型、数据驱动模型、设计优化模型、管理调度模型等。基于 AI 技术的辅助，先进制造技术可以充分满足离散制造型企业柔性批量生产和产品规模化定制的需求，更好地支持产品和服务的高质量实现。

拓扑优化技术依靠坚实的理论基础并与大规模、高效率计算机技术结合，成为智能设计领域的核心技术之一。拓扑优化旨在给定边界条件和各类约束条件的基础上，获得最佳的材料分布形式，以实现结构目标性能最优，近年来越来越多地用于解决各类工程设计问题，如图 6-16 所示。

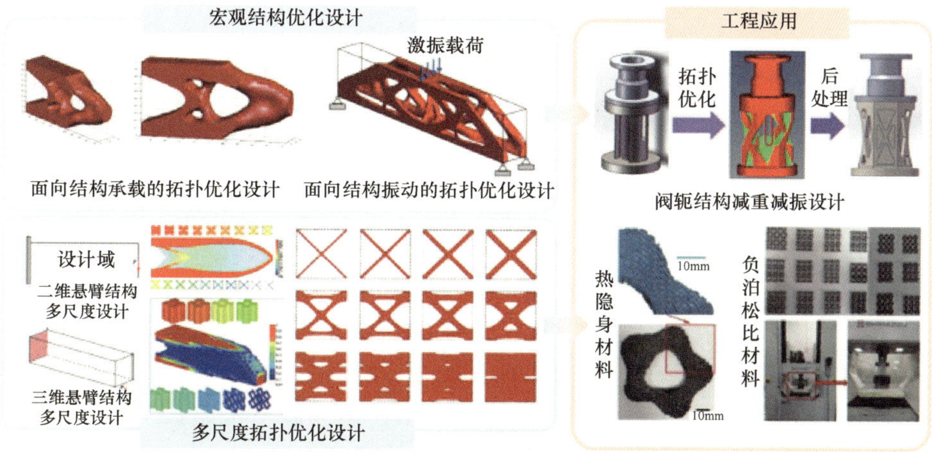


图 6-16　基于拓扑优化技术的智能设计应用

基于传统宏观结构的拓扑优化设计技术可实现工程结构的智能设计，大幅减轻结构重量并提升承载能力，最大化提升材料利用率；可考虑结构的多种物理属性，如结构基频、强度、热变形等。基于拓扑优化领域的多尺度设计技术可实现智能超材料设计，如通过设计材料微观结构获得具有负泊松比特性的超材料，通过考虑材料微观特性对结构热传递的影响设计出具有热隐身性能的超材料，相应超材料具有广泛的应用前景。

### 2. 新一代信息技术

5G、边缘计算、区块链等新一代信息技术是离散制造型企业数字化转型与智能化升级的引擎和助力。新一代信息技术高速发展并具有强大的渗透能力，将原本的“数字孤岛”连接起来，扩展了控制生产资源和生产流程的空间。区块链技术是离散制造系统中各智能体可靠、可信、安全、高效的连接途径，具有去中心化、自治化、透明不可篡改、可追溯性等特点。

5G 技术具有高带宽、低时延、高可靠性、大规模节点等优势，结合网络切片、边缘计算等关键技术，为制造车间关键要素感知数据的互联互通以及准确分析预测提供了重要保障，促进了智能车间调度技术的发展，如图 6-17 所示。

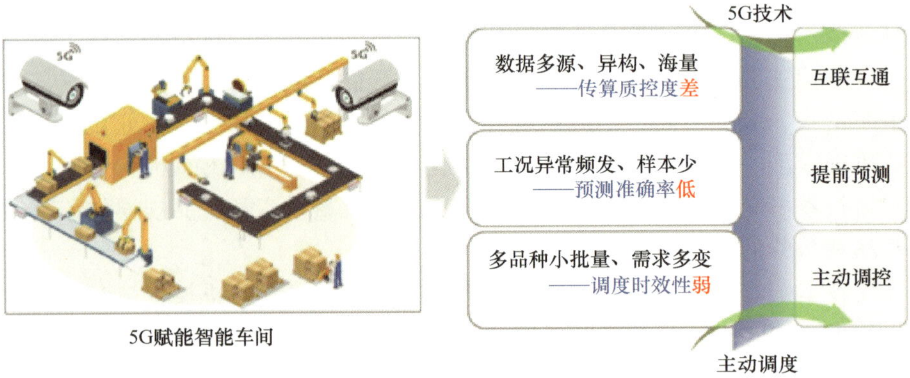


图 6-17 基于 5G 的制造车间调度技术

依托 5G 技术，设计云-边-端协同的感知体系，实现智能车间多源异构数据的互联互通；基于感知数据，利用 AI 技术实现不确定异常事件的准确预测，将不确定异常事件转化为可预测、可规避的确定事件；根据预测结果及时调整调度模型，变被动响应为主动调控，降低异常事件对生产过程的影响，确保生产计划高效稳定地执行。

### 3. 新一代 AI 技术

新一代 AI 技术是离散制造型企业数字化转型与智能化升级的“顶层建筑”。AI 技术的快速发展推动社会经济从“数字经济”走向“智能经济”，社会形态和生产模式也将发生巨大变革。例如，大数据技术、深度学习技术、强化学习技术、人机协作智能技术、基于网络的群体智能技术、跨媒体推理技术等的融入，最终将给离散制造型企业转型升级带来质的飞跃。基于 AI 技术的海量数据实时处理与可视化技术，建立制造流程数字孪生模型与机理混合模型，是实现离散制造过程高效率数字化智能的关键。

在 AI 领域，深度学习是机器学习研究中的热门方向，近年来发展迅速。相较于传统的故障诊断方法，基于深度学习的故障诊断可以自动提取特征而不需要复杂的信号处理过程；基于深度学习方法可以高效地完成表面缺陷特征提取与定位。多标识的领域自适应网络故障诊断技术，可以节省特征工程的时间，提高故障诊断的泛化程度；半监督式卷积神经网络的表面缺陷检测技术节省了数据标记成本，在有限数据条件下实现了表面缺陷检测，如图 6-18 所示。

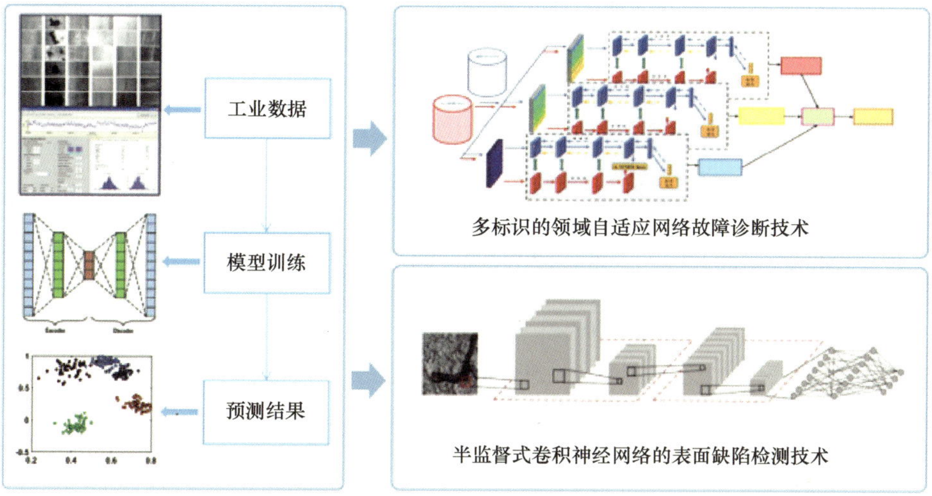


图 6-18　基于深度学习的智能诊断技术

### 6.4.4　离散制造型企业数字化转型与智能化升级的典型案例分析及技术路径

目前，中国制造业已步入平稳发展阶段。我国离散制造型企业普遍处于工业 2.0 的后期，智能制造水平相对薄弱，制造业亟待转型升级。离散制造型企业数字化转型与智能化升级应是全方位的，数字与智能技术的深化应用将在制造模式、运营模式、决策模式、商业模式、研发模式、服务模式六个方面推进转型升级，如图 6-19 所示。

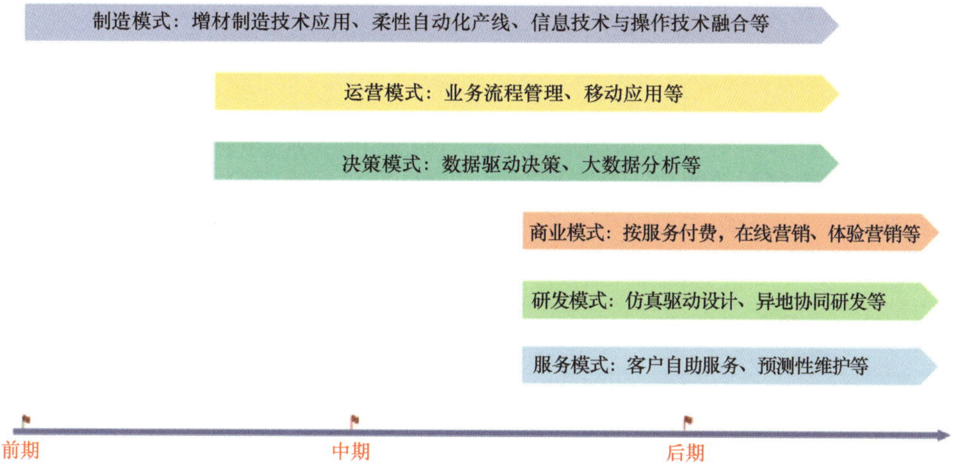


图 6-19　离散制造型企业转型升级不同阶段的转型升级模式

离散制造型企业处于应用不同转型升级模式进行尝试的阶段，大部分处于转型升级的前期阶段，以制造模式转型升级为主；部分企业尝试进行运营模式和决策模式的转型升级；商业模式、研发模式、服务模式的转型升级对企业要求较高，仅有少部分企业在进行探索应用。以离散制造型企业中的4个典型企业为例，分析其数字化转型与智能化升级技术路径。

1. 研发模式转型升级

海尔集团公司积极实施数字化转型，致力成为互联网时代智慧家庭的引领者，已从传统制造家电企业转型为面向全社会孵化创客的平台，为中小企业提供智能制造、个性化定制的解决方案。海尔集团公司的数字化转型与智能化升级主要经历了3个阶段，见表6-3。

表6-3　海尔集团数字化转型与智能化升级

| 时间/年 | 阶段 | 数字化转型、智能化升级技术 |
|---|---|---|
| 2000—2003 | 定制化与信息化升级 | 企业对消费者电商平台、柔性制造与定制化、U+智慧生活平台、ERP改造 |
| 2004—2015 | 自动化、网络化建设 | 数字化共享协同、MES、智能机器人流水线、大数据与云计算 |
| 2016—2020 | 全面网络化、数字化转型、智能化探索 | COSMOPlat工业互联网平台、5G海量机器类通信物联通信、AI视觉+虚拟现实、边缘计算+云端控制 |

（1）定制化与信息化升级阶段　通过大电商平台的规划，实现了企业对企业、企业对消费者、跨境电商等全电商业务的融合，打通用户的前端获取、购买、配送、接收的全流程交互体验，为用户提供了家电产品以外的增值服务。

（2）自动化、网络化建设阶段　海尔互联工厂实现了精密装配机器人集群，引入企业资源规划系统（ERP）、制造执行系统（MES）、仓库管理系统（WMS）等，实现产品与设备、产品与模块、产品与人员之间的多重互联，颠覆了传统的串联式作业模式，实现并联式生产。

（3）全面网络化、数字化转型、智能化探索阶段　建立了COSMOPlat工业互联网平台，通过聚合高水平获奖案例，为行业提供数字化转型实践的路径参考，显现了工业互联网领域数字化转型创新价值。

整体来看，海尔集团公司积极引入先进技术，实现了家电制造产线的自动化及智能化升级转型，使得产品研发周期缩短了30%，人均产值提高了30%，产能提升近1倍；COSMOPlat为工业互联网实际场景应用提供了平台支撑，成为离散制造型企业数字化转型创新的价值基准。

2. 运营模式转型升级

索菲亚家居股份有限公司（以下简称“索菲亚”）运用统一的制造运营管理平台，以生产现场可视化、制造过程透明化、跨工厂绩效管理标准化实现了企业的数字化转型。索菲亚的数字化转型与智能化升级主要经历了4个阶段，见表6-4。

表6-4　索菲亚家居股份有限公司数字化转型与智能化升级

| 时间/年 | 阶段 | 数字化转型、智能化升级技术 |
|---|---|---|
| 2005—2012 | 信息化管理 | CAD制图软件化、条码系统、生产管理系统 |
| 2012—2015 | 信息化与自动化齐头并进 | ERP系统改造、柔性生产线全面推广、包装自动化、信息化系统全面覆盖 |
| 2015—2018 | 数字化转型、智能化探索 | MES、WMS及供应商管理系统、仓储智能自动化、分拣智能自动化 |
| 2018—2020 | 网络化、智能化探索 | “未来工厂”4.0车间、互联网+、大数据平台 |

（1）信息化管理阶段　运用计算机辅助设计（CAD）制图软件代替传统手工画图，应用条码系统、生产管理系统实现了信息化管理。

（2）信息化与自动化齐头并进阶段　在采用 ERP 系统的同时，引入柔性生产线以提高生产效率，成立信息与数字化中心以实现信息化系统全面覆盖，并全面推广柔性生产线。

（3）数字化转型、智能化探索阶段　实施“X 计划”，上线 MES、WMS 及供应商管理系统以实现仓储智能自动化和分拣智能自动化，规划并建设智能工厂。

（4）网络化、智能化探索阶段　“未来工厂”4.0 车间投产，以互联网为依托并通过运用大数据、AI 等先进技术手段，对商品生产、流通、销售过程进行升级改造，进而重塑了业态结构和生态圈。

整体来看，索菲亚通过信息化、自动化、智能化相关技术的应用，实现了生产过程的智能化和生产管理的数字化，完成了制造模式和管理方式的转型升级，使得生产效益提升了 50%，人工成本降低了 30% ~50%；综合应用基于互联网的大数据、AI 技术实现了商品生产、流通与销售过程的升级改造，成为离散制造型企业数字化转型与智能化升级的典型案例。

### 3. 商业模式转型升级

青岛酷特智能股份有限公司（以下简称“酷特”）是一家服装制造企业，形成了以大规模定制为核心的酷特智能模式，提出了个性化定制模式和用户直连制造（C2M）商业模式，构建了酷特 C2M 产业互联网生态体系，更好地满足了消费者的个性化需求。酷特的数字化转型与智能化升级主要经历了 4 个阶段，见表 6-5。

表 6-5　青岛酷特智能股份有限公司数字化转型与智能化升级

| 时间/年 | 阶段 | 数字化转型、智能化升级技术 |
| --- | --- | --- |
| 2005—2012 | 信息化管理与自动化生产 | 个性化定制、电子商务系统、自动化产线 |
| 2012—2015 | 信息化与自动化齐头并进 | 工厂网络和各单模块的信息系统、信息管理系统、自动化设计、ERP、WMS |
| 2015—2018 | 数字化转型、智能化探索 | 数字化装备、数字化缝纫和裁剪、WMS、数据驱动的服装大规模个性化定制模式 |
| 2018—2020 | 网络化、智能化探索 | 智能物流、IoT 建设、互联网 +、C2M 商业模式、产业互联网生态体系 |

（1）信息化管理与自动化生产阶段　选择了大规模个性化定制作为主要的商业模式，运用自动化设备升级生产工厂并推出电子商务系统。

（2）信息化和自动化齐头并进阶段　引入自动化设计、MES、WMS 等新技术，初步形成 C2M 的新商业模式。

（3）数字化转型、智能化探索阶段　引入数字化生产计划系统，着力推动数据标准化建设，形成了数据驱动的大规模个性化定制新模式。

（4）网络化、智能化探索阶段　在引入智能物流和自动化仓储系统后，物流部门的用工量减少了 80%；通过运用物联网（IoT）、互联网 +等技术，形成了互联网生态体系，初步建成智能工厂。

整体来看，酷特实现了 C2M 的新商业模式转型，建立了人、事、物互联互通的智能工厂；与传统模式相比，生产效率提高了 25%，成本下降了 50%，利润增长了 20%，成为质量提升和供给侧结构性改革的典型实践。

4. 制造模式转型升级

内蒙古伊利实业集团股份有限公司（以下简称“伊利”）是我国首批智能制造试点示范项目中唯一的乳制品企业，发展“智慧乳业”，引领全行业积极探索信息化、智能化。伊利的数字化转型与智能化升级主要经历了3个阶段，见表6-6。

表6-6　内蒙古伊利实业集团股份有限公司数字化转型与智能化升级

| 时间/年 | 阶段 | 数字化转型、智能化升级技术 |
| --- | --- | --- |
| 2005—2010 | 自动化建设 | 产品自动化灌装，包装生产线、条码系统、自动生产管理系统 |
| 2010—2015 | 数字化、网络化转型 | MES、Y－iLMILK 智能车间通用模型标准、HCIC 互联互通网络架构与信息模型标准、iTTS 产品质量管控标准 |
| 2015—2020 | 网络化、智能化探索 | 5G＋AI、数据共享、标准统一、平台建设打破“数字孤岛”、全周期产业链的数字化平台 |

（1）自动化建设阶段　在连通平台、站点、在线自动包装系统、瑞士格物流库房等方面实施自动化建设，实现了乳制品生产全过程自动化。

（2）数字化、网络化转型阶段　搭建智能制造系统，实时获取设备状态和数据，进行统一的数据交互，形成了产品生命周期管理系统、政策法规数据库系统、食品安全风险评估系统等线上平台。

（3）网络化、智能化探索阶段　投入生产计划执行系统、全生命周期质量追溯系统，自主研发配方管理系统等安全可控的核心软件，实现了制造装备升级、信息互联互通的智能建设，促使生产效率明显提升，运营成本显著降低。

整体来看，伊利将数字化智能化技术应用到全产业链，推进“智慧乳业”建设，实现产业数字化、智能化，助力经营业绩稳步提升；为消费者提供了多元化、高品质的产品与服务，也为我国乳业高质量发展探索出新的路径。

### 6.4.5　离散制造型企业数字化转型与智能化升级的重点任务

1. 突破制造智能关键使能技术

智能传感器与工业互联网是智能制造的基础，重点突破智能传感器与传感网络及智能终端、即插即用技术、实时网络操作系统技术、机器对机器技术、制造 IoT 技术。大数据和知识库是智能制造的核心，重点突破制造大数据挖掘技术、大数据智能分析与管理技术、面向制造大数据的综合推理技术。智能推理是智能制造的灵魂，重点突破智能建模与仿真技术、全息人机协同系统、复杂对象智能控制系统技术和数字孪生技术。

2. 研发智能制造装备

重点研发的智能制造装备包括智能机床、智能成型制造装备、特种智能制造装备、智能机器人、智能柔性制造产线等。智能机床应具有加工状态实时感知与交互、产品工艺自主决策与优化、加工精度持久保持能力等特性，智能成型制造装备应具有信息获取、模型预测、决策控制功能，特种智能制造装备应具有超高温、超高压等超常工作环境适应性以及超精密、高能束等超常工艺适应能力，智能机器人应能胜任焊接、打磨、精细装配、机加工、柔顺控制等工作，智能柔性制造生产线应具有多制造功能单元、制造岛结合协作的高度柔性化和智能化能力。

### 3. 建设数字化、网络化制造车间

数字化制造车间、网络化制造车间是智能化车间的初级形态，前者的各种设备要实现数字化管理和控制，对加工数据进行数字化描述、集成、分析和决策，进而对各种设备进行数字化控制；后者基于集成的数据进行智能分析和决策，智能优化整个制造过程，使资源得到最合理的配置和优化。

### 4. 打造数字化、智能化工厂

数字化、智能化工厂是智能制造的典型代表。在产品设计方面，通过制造工艺与成品性能的三维模拟与仿真优化，实现计算机辅助的精确可靠规划设计。在生产制造方面，利用工业机器人、数控机床和其他智能装备，自动、高效、稳定地完成各项生产操作。在运营管理方面，在工业互联网的基础上，通过有效组织和融合制造领域知识，满足供应管理、生产营销、质量追溯、售后运维等全价值链的增长需求。

### 5. 提供数字化、智能化服务

相较传统制造服务，数字化、智能化服务主要体现在提高服务的状态环境感知、服务规划、决策和控制水平、服务质量等。在工业技术软件服务方面，提供网络化智能工业软件的集成应用。在工业产品智能服务方面，提供重大装备的智能运维服务。在生产服务方面，提供生产性服务过程的跟踪、调度和优化控制等智能服务。在云服务方面，提供全社会制造与服务能力的集成与共享服务。在社群化智能制造服务方面，提供众多企业间的无缝社交与协同生产、智能化产品运维服务。

### 6. 构建标准体系和安全体系

标准体系应重点构建：技术标准体系，如云计算、区块链、信息物理系统（CPS）等，以技术的应用和操作为重点；产品标准体系，如工业互联网平台，侧重于技术应用和产品服务方面；过程标准体系，如工业化和信息化深度融合、智能制造等，涵盖范围广、类型多，应侧重多个维度以分析发展演进过程；安全标准体系，构建离散制造型企业信息安全和物理安全平台，汇聚安全数据，积累安全知识和攻防经验，开展大数据分析，进行预警、识别、审计、漏洞管理、防御、杀毒等。

## 思考题

1. 潍柴动力智能工厂架构是怎样的？
2. 潍柴动力智能工厂与传统工厂相比，优缺点有哪些？
3. 中车青岛四方智能车间生产方式的特点是什么？
4. 信息技术在中车青岛四方智能车间是如何起作用的？
5. 什么是黑灯工厂？什么是绿色工厂？两者有何异同点？
6. 什么是离散制造？离散制造的典型特征有哪些？

# 参 考 文 献


[1] 郭进．全球智能制造业发展现状、趋势与启示［J］．经济参考研究，2020，5：31－42.

[2] 谷牧，庄鑫，陈晓双，等．基于云平台的智能制造标准体系研究［J］．中国仪器仪表，2021，7：24－29.

[3] 刘强．数控机床发展历程及未来趋势［J］．中国机械工程，2021，（32）7：757－770.

[4] 卢秉恒．增材制造技术——现状与未来［J］．中国机械工程，2020，（31）1：19－23.

[5] 智能制造标准体系研究白皮书（2015 年）［Z］．北京：中国电子技术标准化研究院，2015.

[6] 李洪阳，魏慕恒，黄洁，等．信息物理系统技术综述［J］．自动化学报，2019，（45）1：37－50.

[7] 李清，唐骞璘，陈耀棠，等．智能制造体系架构、参考模型与标准化框架研究［J］．计算机集成制造系统，2018，（24）3：539－549.

[8] 乔羽，李晓寅，孙博文，等．制造领域智能制造标准体系框架研究［J］．中国标准化，2020，13：20－25.

[9] 廖文俊，胡捷．增材制造技术的现状和产业前景［J］．装备机械，2015，1：1－7.

[10] 陈明，张光新，向宏．智能制造导论［M］．北京：机械工业出版社，2021.

[11] 计时鸣，黄希欢．工业机器人技术的发展与应用综述［J］．机电工程，2015，（32）1：1－13.

[12] 张云，梁光顺．国内外先进制造技术的现状与发展趋势［J］．金属加工（冷加工），2021，9：1－4.

[13] 刘大炜，汤立民．国产高档数控机床的发展现状及展望［J］．航空制造技术，2014，3：40－43.

[14] 李培根，高亮．智能制造概论［M］．北京：清华大学出版社，2021.

[15] 张云翼，林佳瑞，张建平．BIM 与云、大数据、物联网等技术的集成应用现状与未来［J］．图学学报，2018，（39）5：806－816.

[16] 王建民．工业大数据技术综述［J］．大数据，2017，6：3－14.

[17] 牟富君．工业机器人技术及其典型应用分析［J］．中国油脂，2017，（42）4：157－160.

[18] 赵万华，张星，吕盾，等．国产数控机床的技术现状与对策［J］．航空制造技术，2016，9：16－22.

[19] 李晓雪．智能制造导论［M］．北京：机械工业出版社，2019.

[20] 钱志鸿，王义君．物联网技术与应用研究［J］．电子学报，2012，（40）5：1023－1029.

[21] 张文毓．增材制造技术的研究与应用［J］．装备机械，2017，4：65－70.

[22] 岳磊，郑秋平，王洲，等．智能制造统一参考模型的科学依据与标准化进路初探［J］．标准科学，2019，12：29－34.

[23] 陈晨，林航，施雪如．新科技革命背景下中国参与国际分工的机遇与挑战［J］．商业经济，2022，2：103－105.